# 主讲嘉宾

## 刘若川

北京国际数学研究中心副教授

## 孙斌勇

中国科学院数学与系统科学研究

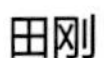

## 田刚

北京国际数学研究中心主任

中国科学院院士

美国艺术与科学院院士

未来科学大奖科学委员会委员

## 夏志宏

南方科技大学讲座教授

美国西北大学Pancoe讲席教授

未来科学大奖科学委员会委员

## 许晨阳

北京国际数学研究中心博雅讲席教授

2017年未来科学大奖

数学与计算机科学奖获奖者

# 对话嘉宾

## 丁健

金沙江创业投资董事总经理
未来论坛理事
未来科学大奖生命科学奖捐赠人

## 励建书

香港科技大学讲座教授
中国科学院院士
未来科学大奖科学委员会委员

## 刘庆峰

科大讯飞创始人、董事长
言信息处理国家工程实验室主任
国科学技术大学兼职教授、博导

## 汤超

北京大学讲席教授
前沿交叉学科研究院执行院长

## 王强

真格基金联合创始人
新东方联合创始人
未来科学大奖数学与计算机科学奖捐赠人

## 王晓东

北京生命科学研究所所长
美国国家科学院院士
中国科学院外籍院士
未来科学大奖科学委员会委员

理解未来系列

# 数 学 思 维

科 学 出 版 社
北 京

**图书在版编目(CIP)数据**

数学思维/未来论坛编. —北京：科学出版社，2018. 8
（理解未来系列）
ISBN 978-7-03-058312-3

Ⅰ. ①数…
Ⅱ. ①未…
Ⅲ. ①数学–思维方法
Ⅳ. ①O1-0

中国版本图书馆 CIP 数据核字（2018）第 163012 号

丛　书　名：理解未来系列
书　　　名：数学思维
编　　　者：未来论坛
责 任 编 辑：刘凤娟　郭学雯
责 任 校 对：杨然
责 任 印 制：徐晓晨
封 面 设 计：南海波
出 版 发 行：科学出版社
地　　　址：北京市东黄城根北街 16 号
网　　　址：www.sciencep.com
电 子 信 箱：liufengjuan@mail.sciencep.com
电　　　话：010-64033515
印　　　刷：北京虎彩文化传播有限公司印刷
版　　　次：2018 年 8 月第一版　　　印　　　次：2019 年第二次印刷
开　　　本：720 × 1000　1/16　　　印　　　张：8 3/4
插　　　页：2　　　字　　　数：108 000
定　　　价：49.00 元

# 序一>>>

饶 毅

北京大学讲席教授、北京大学理学部主任、未来科学大奖科学委员会委员

我们时常畅想未来，心之所向其实是对未知世界的美好期待。这种心愿几乎人人都有，大家渴望着改变的发生。然而，未来究竟会往何处去？或者说，人类行为正在塑造一个怎样的未来？这却是非常难以回答的问题。

在未来论坛诞生一周年之际，我们仍需面对这样一个多少有些令人不安的问题：未来是可以理解的吗?

过去一年，创新已被我们接受为这个时代最为迫切而正确的发展驱动力，甚至成为这个社会最为时髦的词汇。人们相信，通过各种层面的创新，我们必将抵达心中所畅想的那个美好未来。

那么问题又来了，创新究竟是什么?

尽管创新的本质和边界仍有待进一步厘清，但可以确定的一点是，眼下以及可见的未来，也许没有什么力量，能如科学和技术日新月异的飞速发展这般深刻地影响着人类世界的未来。

可是，如果你具有理性而审慎的科学精神，一定会感到未来难以预计。也正因如此，这给充满好奇心的科学家、满怀冒险精神的创业家带来了前所未有的机遇和挑战。

过去一年，我们的“理解未来”系列讲座，邀请到全世界极富洞察力和前瞻性的科学家、企业家，敢于公开、大胆与公众分享他们对未来的认知、理解和思考。毫无疑问，这是一件极为需要勇气、智慧和情怀的事情。

2015年，“理解未来”论坛成功举办了12期，话题涉及人工智能、大数据、物联网、精准医疗、DNA信息、宇宙学等多个领域。来自这些领域的顶尖学者，与我们分享了现代科技的最新研究成果和趋势，实现了产、学、研的深入交流与互动。

特别值得强调的是，我们在喧嚣的创新舆论场中，听到了做出原创性发现的科学家独到而清醒的判断。他们带来的知识之光，甚至智慧之光，兑现了我们设立“理解未来”论坛的初衷和愿望。

我们相信，过去一年，“理解未来”论坛所谈及的有趣而有益的前沿科技将给人类带来颠覆性的变化，从而引发更多人对未来的思考。

面向“理解未来”论坛自身的未来，我希望它不仅仅是一个围绕创新进行跨界交流、碰撞出思想火花的平台，更应该是一个探讨颠覆与创新之逻辑的平台。

换言之，我们想要在基础逻辑的普适认知下，获得对未来的方向感，孵化出有价值的新思想，从而真正能够解读未来、理解未来。若要做到这一点，便需要我们勇敢地提出全新的问题。我相信，真正的创新皆源于此。

让我们共同面对挑战、突破自我、迎接有趣的未来。

2015年

# 序二>>>

## 人类奇迹来自于科学

丁　洪

中国科学院物理研究所研究员、北京凝聚态物理研究中心首席科学家、
未来科学大奖科学委员会委员

今年春季，我问一位学生：“你为什么要报考我的博士生？”他回答：“在未来论坛上看了您有关外尔费米子的讲座视频，让我产生了浓厚的兴趣。”这让我第一次切身感受到“理解未来”系列科普讲座的影响力。之后我好奇地查询了“理解未来”讲座的数据，得知 2015 年 12 期讲座的视频已被播放超过一千万次！这个惊人的数字让我深切体会到了“理解未来”讲座的受欢迎程度和广泛影响力。

“理解未来”是未来论坛每月举办的免费大型科普讲座，它邀请知名科学家用通俗的语言解读最激动人心的科学进展，旨在传播科学知识，提高大众对科学的认知。讲座每次都能吸引众多各界人士来现场聆听，并由专业摄影团队制作成高品质的视频，让更多的观众能随时随地地观看。

也许有人会好奇：一群企业家和科学家为什么要跨界联合，一起成立“未来论坛”？为什么未来论坛要大投入地举办科普讲座？

这是因为科学是人类发展进步的源泉。我们可以想象这样一个场

景：宇宙中有亿万万个银河系这样的星系，银河系又有亿万万个太阳这样的恒星，相比之下，生活在太阳系中一颗行星上的叫“人类”的生命体就显得多么微不足道。但转念一想，人类却在短短的四百多年中，就从几乎一无所知，到比较清晰地掌握了从几百亿光年（约 $10^{26}$ 米）的宇宙到 $10^{-18}$ 米的夸克这样跨 44 个数量级尺度上（“1”后面带 44 个“0”，即亿亿亿亿亿万！）的基本知识，你又不得不佩服人类的伟大！这个伟大来源于人类发现了“科学”，这就是科学的力量！

这就是我们为什么要成立未来论坛，举办科普讲座，颁发未来科学大奖！我们希望以一种新的方式传播科学知识，培育科学精神。让大众了解科学、尊重科学和崇尚科学。我们希望年轻一代真正意识到“Science is fun，science is cool，science is essential”。

这在当前中国尤为重要。中国几千年的封建社会，对科学不重视、不尊重、不认同，导致近代中国的衰败和落后。直到“五四”时期“赛先生”的呼唤，现代科学才步入中华大地，但其后一百年“赛先生”仍在这片土地上步履艰难。这种迟缓也直接导致当日本有 22 人获得诺贝尔自然科学奖时，中国才迎来首个诺贝尔自然科学奖的难堪局面。

当下的中国，从普通大众到部分科学政策制定者，对“科学”的内涵和精髓理解不够。这才会导致“引力波哥”的笑话和“转基因”争论中的种种谬论，才会产生“纳米”“量子”和“石墨烯”的概念四处滥用。人类社会已经经历了三次产业革命，目前正处于新的产业革命爆发前夜，科学的发展与国家的兴旺息息相关。科学强才能国家强。只有当社会主流和普通大众真正尊重科学和崇尚科学，科学才可能实实在在地发展起来，中华民族才能真正崛起。

这是我们办好科普讲座的最大动力！

现场聆听讲座会感同身受，在网上看精工细作的视频可以不错过任何细节。但为什么还要将这些讲座内容写成文字放在纸上？我今年去现场听过三场报告，但再读一遍整理出的文章，我又有了新收获、新认识。文字的魅力在于它不像语音瞬间即逝，它静静地躺在书中，可以让人慢慢地欣赏和琢磨。重读陈雁北教授的《解密引力波——时空震颤的涟漪》，反复体会“两个距离地球 13 亿光年的黑洞，其信号传播到了地球，信号引发的位移是 $10^{-18}$ 米，信号长度只有 0.2 秒。作为引力波的研究者，我自己看到这个信号时也感觉到非常不可思议”这句话背后的伟大奇迹。又如读到今年未来科学大奖获得者薛其坤教授的“战国辞赋家宋玉的一句话：‘增之一分则太长，减之一分则太短，著粉则太白，施朱则太赤。’量子世界多一个原子嫌多，少一个原子嫌少”，我对他的实验技术能达到原子级精准度而叹为观止。

记得小时候“十万个为什么”丛书非常受欢迎，我也喜欢读，它当时激发了我对科学的兴趣。现在读“理解未来系列”，感觉它是更高层面上的“十万个为什么”，肩负着传播科学、兴国强民的历史重任。想象 20 年后，20 本“理解未来系列”排在你的书架里，它们又何尝不是科学在中国 20 年兴旺发展的见证？

这套“理解未来系列”值得细读，值得收藏。

2016 年

# 序三»»

王晓东

北京生命科学研究所所长、美国国家科学院院士、中国科学院外籍院士、
未来科学大奖科学委员会委员

2016 年 9 月，未来科学大奖首次颁出，我有幸身临现场，内心非常激动。看到在座的各界人士，为获奖者的科学成就给我们带来的科技变革而欢呼，彰显了认识科学、尊重科学正在成为我们共同追求的目标。我们整个民族追寻科学的激情，是东方睡狮觉醒的标志。

回望历史，从改革开放初期开始，很多中国学生的梦想都是成为一名科学家，每一个人都有一个科学梦，我在少年时期也和同龄人一样，对科学充满了好奇和探索的冲动，并且我有幸一直坚守在科研工作的第一线。我的经历并非一个人的战斗。幸运的是，未来科学大奖把依然有科学梦想的捐赠人和科学工作者连在一起了，来共同实现我们了解自然、造福人类的科学梦想。

但近二十年来，物质主义、实用主义在中国甚嚣尘上，不经意间，科学似乎陷入了尴尬的境遇——人们不再有兴趣去关注它，科学家也不再被世人推崇。这种现象存在于有着几千年文明史的有深厚崇尚学术文化传统的大国，既荒谬又让人痛心。很多有识之士也有同样的忧虑。我们中华民族秀立于世界的核心竞争力到底是什么？我们伟大复兴的支点又是什么？

文明的基础，政治、艺术、科学等都不可或缺，但科学是目前推动社会进步最直接、最有力的一种。当今世界不断以前所未有的速度和繁复的形式前行，科学却像是一条通道，理解现实由此而来，而未来就是彼岸。我们人类面临的问题，很多需要科学发展来救赎。2015年未来论坛的创立让我们看到了在中国重振科学精神的契机，随后的“理解未来”系列讲座的持续举办也让我们确信这种传播科学的方式有效且有趣。如果把未来科学大奖的设立看作是一座里程碑，“理解未来”讲座就是那坚定平实、润物无声的道路，正如未来论坛的秘书长武红所预言，起初看是涓涓细流，但终将汇聚成大江大河。从北京到上海，“理解未来”讲座看来颇具燎原之势。

科学界播下的火种，产业界已经把它们变成了火把，当今各种各样的科技创新应用层出不穷，无不与对科学和未来的理解有关。在今年若干期的讲座中，参与的科学家们分享了太多的真知灼见：人工智能的颠覆，生命科学的变革，计算机时代的演化，资本对科技的独到选择，令人炫目的新视野在面前缓缓铺陈。而实际上不管是哪个国家，有多久的历史，都需要注入源源不断的动力，这个动力我想就是科学。希望阅读这本书对各位读者而言，是一场收获满满的旅程，见微知著，在书中，读者可以看到未来的模样，也可以看到未来的自己。

感谢每一次认真聆听讲座的听众，几十期的讲座办下来，我们看到，科学精神未曾势微，它根植于现代文明的肌理中，人们对它的向往从来不曾更改，需要的只是唤醒和扬弃。探索、参与科学也不只是少数人的事业，更不仅限于科学家群体。

感谢支持未来论坛的所有科学家和理事们，你们身处不同的领域，却同样以科学为机缘融入到了这个平台中，并且做出了卓越的贡献，让我认识到，伟大的时代永远需要富有洞见且能砥砺前行的人。

2017年

# 目　录

# 第一篇

## 数学中语言的思考
## ——2017 未来科学大奖颁奖典礼暨未来论坛年会主题演讲

语言是人类文明的基础载体，那么我们的知识里面有多少是受语言构成而影响的？当然除了狭义的语言，人类还发展出很多广义的语言，比如说数学和音乐。数学可以帮助人类理解发现自然界很多的结构，比如说，大小上我们用到了算术，形状上我们用到了几何，变化上我们用到了微积分。

## 许晨阳

北京国际数学研究中心博雅讲席教授
2017年未来科学大奖数学与计算机科学奖获奖者

2008 年，获得普林斯顿大学博士学位，导师为 János Kollár。从事代数几何研究。2016 年，获得拉马努金奖，2017 年，获选庞加莱讲座教席，并被选为 2018 年 ICM 大会 45 分钟分组报告人。

# 数学中语言的思考

首先感谢各位，今天我要给大家讲的是数学中语言的思考。一般来讲，一个数学家要给公众做报告，往往是比较困难的事情。有一次我的一个外国同事，他做了一个公众报告，我就去上网看他的公众报告怎么样，我觉得他讲得很好，讲得很有意思。我就去祝贺他，我说你这个公众报告很有意思，作为一个数学家来讲我都懂了很多，他说就是这个问题，如果一个公众报告数学家懂了，那别人可能就不太懂，所以我尽量把我的公众报告放在非数学家可以理解的范围内，最后我会讲一点我的工作。

今天我谈论的主题是数学中语言的思考。我们都知道语言是人类文明的基础载体。我们从小就经常思考一个问题，我们的知识里面有多少是受语言构成而影响的。当然除了狭义的语言，人类还发展出很多广义的语言，比如说数学和音乐。数学可以帮助人类理解发现自然界很多的结构，比如说，大小上我们用到了算术，形状上我们用到了几何，变化上我们用到了微积分。有的时候我会想音乐可以帮助我们理解什么样的现象？是不是有听众可以告诉我。虽然我们说数学是人类的一种语言，但实际上在从事数学创造的过程中，我们经常发现的一件事是人类发现了数学而不是创造了数学，在很多时候我们感觉数学隐藏在客观的世界之内，而我们数学家只是通过思考，通过工作去发现它。

因为数学是非常客观的，我们感觉数学是客观世界里面隐藏的东西，所以我们经常想如果有外星文明的话，它们是不是有同样的数学。如果真的有外星文明，我们比较一种外星文明和地球文明之间的文明相似度，那么数学将是其中相似度很高的一部分。我们也会问是不是有相同的物理定理，可能也有很高的相似度；我们和外星人是不是有相同的生物知识，这个我就不确定了。

数学是一门广义的语言，所以我想说数学本身的致用就是语言的发展。接下来我说一个例子，就是代数几何。讲代数之前我们先讲几何，欧几里得的《几何原本》是现代数学发展的基石，我以前就知道欧几里得的《几何原本》是除了《圣经》以外在世界上发行量第二大的著作，昨天在讨论会上我才知道拿破仑打仗的时候，林肯打仗的时候，他们的包里也都有《几何原本》，所以我认为在那时候《几何原本》的学习是对受教育人的基本要求。

我们知道人类不仅发现了平面几何，后来还发现了不平坦几何，下面这个建筑是在巴塞罗那的米拉之家，在现代技术里面才有这种弯曲，可能因为古代建筑里面没有意识到不平坦几何，所以他们建造建筑的时候不知道用什么样的数学知识解决他们的建筑问题。

刻画弯曲程度的数学概念，称之为曲率，这最早是由伟大的数学家高斯发现的，然后更一般的情况是由黎曼（下图左下角）提出来的，他们俩都是伟大的数学家，德国的10马克曾经印制着高斯的头像（下图右上角），现在已经不再用马克了。我想说的是在德国我们可以看到科学和商业的结合，以这个10马克的钞票为例。当然可以想象我们的曲面，如果有这样的曲率的话，可以想象一个同样的空间，它可能在有些地方曲率是正的，有些地方曲率是平的，有些地方曲率是负的。这个庞加莱单值化定理可以告诉你，我们给定一个曲率，总可以选择上面的一种度量使得这个曲率要么一定是正的，处处为+1，要么一定是平的，要么是负的。我们怎么想象这个曲率是正的、平的和负的之间的区别呢？我们小时候学过平面几何，知道三角形内角和是180度！那是欧氏几何的特点。如果考虑正曲率图形的话，有一个三角形，内角和是大于180度的；如果考虑负曲率图形的话，三角形内角和是小于 180 度的，这是一个典型的非欧几何。

关于几何我就先讲到这里，我再接着讲数论，最有名的定理——费马大定理，在我读书的时候还是猜想，上中学的时候我还尝试着解决，当然后来我中学还没有读完就已经被 Wiles 解决了，他的工作是建立在他自己的两篇 300 多页的论文和前人的几千页的工作基础之上的，费马大定理有这么一个方程 $x^n+y^n=z^n$，当 $n$ 大于等于 3 的时候，它没有任何的整数解。现在我们看一下这个方程，为什么 $n$ 大于等于 3 的时候会没有解；为什么等于 2 的时候，我们知道，

它有无穷多的解？现在我们知道要去解一个方程的整数解往往是很困难的一件事，所以退而求其次，首先看复数解，我们知道 $n$ 等于 2 的时候，解构成一个球面，是正曲率的东西；$n$ 等于 3 的时候是环面，是零曲率的东西；$n$ 大于 3 的时候，是负曲率的东西。所以我们知道这个 $n$ 等于 3 之所以这么关键，是因为它正好是正曲率和负曲率之间的区别。

$$x^n + y^n = z^n$$

所有复数解构成的空间

- $n=2$，球面正曲率。
- $n=3$，环面零曲率。
- $n>3$，负曲率。

当然，我想证明费马大定理很困难，并且说这个方程完全没有解也是很困难的，但是 Faltings 定理说，如果一个方程复数解对应的曲面是负曲率，那么对应的方程的整数解的个数是有限的。$n$ 大于 3 的时候，对应负数解的曲率一定是负的曲率。这个定理告诉你 $n$ 大于 3 的时候，这个方程的解是有限多的解，从有限多的解再到没有解，这

还是一个很困难的过程。但是这个定理，不光是针对 $x^n + y^n = z^n$ 这个方程，而是对任何一个方程都成立，只要对应的这个曲面是负曲率，这个方程的解的个数就都是有限的。

所以从这个定理中可以看出这个对应解的方程，它上面有一个负曲率和它在整数解之间有非常深刻的关系，我们就需要有一种语言，把这种关系给统一起来，这就是代数几何。代数几何是从几何角度研究方程或者方程组的解。我们要研究什么样的方程呢？我们一般研究多项式方程，左边和右边各写了一个多项式，所谓的多项式是我们有变元，变元可以乘起来，可以加也可以减，得到这样的方程，我们称之为多项式方程，下图第一个是有四个变元、三次的方程，是 Cayley 曲面，右边是费马方程，是有五个变元、五次的方程，得到的是 Calabi-丘三维簇。为什么我们用代数方法来解方程呢？这里 Atiyah 有一句话，他说代数是魔鬼给数学家的东西，魔鬼说，我给你一个非常有效的工具，可以对你的任何一个问题给出回答，但是作为交换，你要把灵魂给我，这个灵魂是什么呢？就是几何。所以代数几何，就是说我们想用一个代数的办法来看几何，我们拿代数这个工具来交换几何的灵魂，这就是代数几何。当然我查 Atiyah 这句话的时候，我看到了另外一则小故事，他是怎么成为数学家的呢？他很小的时候跟爸爸去全世界旅

- 从几何角度研究方程或者方程组的解。

Cayley曲面: $xyz+yzw+zwx+wxy=0$　Calabi-丘三维簇: $x^5+y^5+z^5+w^5+v^5=0$

行，不停地换外币，换完了以后发现赚钱了，这个时候他爸爸就意识到了他可能会成为一个数学家。

代数几何的革命，大概是在20世纪50年代，在这之前代数几何是数学中的一个重要的领域，但是Grothendieck把代数几何发展成了数学领域的核心。他是一个非常传奇的人，他从事数学研究20年左右。下面第一张照片是他研究数学的时候，到80年代的时候他到山上隐居，隐居了30年左右，2014年去世。第二张照片是隐居的时候给他拍的，第三张照片是我办公室里面的照片。前面我说Grothendieck对代数几何有非常深刻的影响，他的影响在什么地方呢？首先是他发展了概型语言，我们用代数的办法来研究解的空间，但是他说你这么看问题的角度太小了，我们要用更大的、更抽象的办法来看，这个更大、更抽象的办法就是概型语言，我想这是数学中语言的一次重要的发展。利用抽象的方式求各种方程的解，像前面写的费马方程，我们可能关心它的整数解和负数解，把这种解纳入统一的框架下考虑，你考虑之后，可能还是要回到整数和负数的特殊性质来研究具体的问题。但是这里之前应该用一种很统一、很庞大的框架来考虑这个问题，这个是他的思想。正是因为他从最一般的、最抽象的角度去理解问题，反而变得最有用。所以就是在这个体系下，代数几何可以在很多的广泛的意义下使用，因为你知道这个广泛的意义，有几何的结构或者是代数结构都可以想象尝试把代数几何用进去，所以就联系了很多的学科比如说数论，前面的方程：$x^n+y^n=z^n$，这样的问题是数论；还有复几何、表示论、数学物理等，因此代数几何成为数学里面最庞大的学科之一。经过了Grothendieck的革命之后，我们应该对代数几何思考什么问题呢？Grothendieck给我们提供了非常庞大、非常抽象的语言，我们可以拿这些语言重新思考以前的数学问题。包括一些很多很经典的、我们解决不了的问题。他的想法是有了这个庞大的语言之后我们可以重新尝试去思考解决新问题。其中一个经典的问题是在代数几何刚刚开始的时候，就是按照几何上的弯曲来分类所有代数方程的几何空间，我们在前面讲过，我们在曲面的时候有三种弯曲：正的弯曲、平坦的弯曲和负的弯曲。那么，当然了，曲面是代数几何里面维数最低的情况，因为代数几何复数解空间都是偶数维。我们要考虑更高维数情况下的分类空间，希望分类空间是按照它有多么弯曲来分类。

现在回到我研究的双有理几何，它就是这么一种分类的思想，你任意给我一种解的空间，我尝试去分解成基本的模块，每一个模块上要么是正的，要么是负的，要么是平坦的。所以换句话说你给我一个很随机的、任意的解的空间，我希望有一种办法去理解它，这种理解办法是说我希望首先理解哪些是只有正的，哪些是负的，哪些是 0 的。我先单独理解这三种非常特殊的类型，之后我再去理解对于一般的解的空间，我怎样用这三种基本类型把这种一般的解的空间拼搭起来，像玩乐高积木一样，这三种空间像三种基本的模块，这个双有理几何就是说我们希望理解大的空间是怎样被基本模块搭起来的，每个模块会成为这个极小模型。

极小模型纲领又被称为森重文纲领，日本的数学家森重文因为这个极小模型纲领在复数维数等于三维的时候所做出的工作获得了菲尔兹奖，我刚刚说代数几何的维数是偶数，是实的维数，因为实的维数是复的维数的 2 倍，所以复数维数等于 2 的时候，这个实数维数等于 4，这正好是现实的空间，我们现实的空间是四维空间。即便是复数维数等于 2 的时候，这已经是非常有趣、非常难、非常深刻的问题了。双有理几何可以想象成一种比较粗糙、比较基本的分类。在这种特别粗糙、特别基本的分类意义上分类，对于我们的四维空间，在复的二维的时候，双有理几何的分类是被意大利科学家在 100 多前年完成的。双有理几何的分类中间停滞了很长时间，因为我们不知道怎么理解当复数维数大于等于 2 时的情况。在复数维数大于等于 3 的时候，在 40 年前森重文有了突破性的想法，从那个时候开始，我们就建立了所谓的极小模型纲领，一般在数学里面有一个东西，能被称为是什么纲领的话，往往是一个很庞大的数学领域。比如说昨天我们知道的朗兰兹纲领，这个极小模型纲领也是其中一种纲领，还没有被完全解决，但我们做出了很多的进展，所以复数维数大于等于 3 的时候，双有理几何发展了 40 年，中间还有很多的问题，你可以问为什么这个东西要等到森重文在 40 年前的时候才能发现呢，因为他有一个很重要的想法，这

注：该图片来自菲尔兹奖得主森重文教授来澳大演讲(www.umac.mo)

个想法我认为是数学里最天才的想法之一。他解决了分类的复的问题，他说分类的复的问题只看复数上的解是不够的，要看这个模 $p$ 之后的解。就是说，我们解方程，当然希望去解这个整数方程，我们知道一个方程在整数上有没有解是非常困难的问题。我们可以看一个比较简单的问题，看方程在奇、偶数下有没有解，如果把方程换成在奇数或者是偶数下没有解的话，那么在整数下也没有解。他说模 $p$ 的解其实考虑的是非常离散的东西，因为每一个整数模 $p$ 就只有那么多种可能性，其实是非常离散的，如果我们考虑复数的方程，复数的解是非常连续的，像我们生活的时空一样连续的东西，我们不应该局限于这个复数的情况下，而是应该到模 $p$ 的下面去看，这种思想正好是这个 Grothendieck 语言里面最有力的一部分。Grothendieck 语言说我们解方程的时候，不需要局限于只看复数解或是整数解，或是模 $p$ 的解，我们应该考虑建立一个框架，把所有的解联系起来。

许晨阳

2017 未来科学大奖颁奖典礼暨未来论坛年会

2017 年 10 月 29 日

# 青少年对话数学与计算机科学奖获奖者

## |对话主持人|

**王　强**　真格基金联合创始人，新东方联合创始人，未来科学大奖数学与计算机科学奖捐赠人

## |对话嘉宾|

**许晨阳**　北京国际数学研究中心博雅讲席教授，2017 年未来科学大奖数学与计算机科学奖获奖者

**刘庆峰**　科大讯飞创始人、董事长，语音及语言信息处理国家工程实验室主任，中国科学技术大学兼职教授、博导

**青少年代表**

**刘庆峰：**尊敬的各位来宾，女士们，先生们，今天非常高兴大家欢聚一堂，参加未来科学大奖数学与计算机科学奖获奖者和青少年的对话。从昨天我们进入这个会场开始，就感受到巨大的鼓舞，大家都说我们国家进入了新时代，怎样让中华民族从站起来、富起来到强起来，核心就是科技创新，科技创新的关键是青少年的成长和对科学的兴趣与关注。通过今天这样的活动，我们受到了非常大的鼓舞并获得了非常大的信心，对未来的信心前所未有地增强。

首先祝贺许晨阳，作为首位80后获得未来科学大奖的科学家，而且是数学与计算机科学奖，让我们看到了数学在中国的薪火相传。因为数学是自然科学的基础，数学研究在一个国家的发展程度，决定了科学发展所能够覆盖的广度和深度。今天看到80后的优秀科学家，不仅在中国获得了影响力和尊敬，而且在全球取得了令人瞩目的成果。

这次未来科学大奖设了数学与计算机科学奖，诺贝尔奖没有数学奖，这样非常重要的数学大奖一定对数学领域发展有着非常重要的战略意义和深远的影响力。

无论是计算机的发展，还是今天大家都在关注的人工智能，无不起源于数学的突破，计算机就是二进制的突破，中国从阴阳八卦当中的二元，一生二开始，出现计算机的源头和启蒙。

在61年前，1956年的达特茅斯会议上，真正最早提出人工智能这个问题的主要都是伟大的数学家，包括麦肯锡等。人工智能第一代网络所做的就是自动证明数学原理当中的大部分原理，使得人类对人工智能未来的发展充满了信心，引发了第一代人工智能热潮。

第三代人工智能在全球掀起热潮，也是深度学习相关数学原理的突破。今天人工智能不仅仅可以替代简单重复劳动，包括博士毕业才能掌握的很多复杂的脑力劳动，人工智能也已经可以替代，甚至可以比人做得更好。这中间最需要的其实是基于数学的相关原理，有两个主要路径，一个是数学统计建模的方法，另一个是基于对脑科学神经元传导机制的研究。

第三次浪潮，主要是数学统计建模方法的突破，再结合移动互联网源源不断地传送到后台的大数据，以及云计算能力的提升，导致今天我们所说的全世界发展已经从“互联网+”进入“人工智能+”时代，这里面基于数学相关的基本创新，使得大家发现计算机可以做推理。去年在纽约举行的全球机器推理的比赛，验证能不能通过数学方法，从海量的数据当中找到有效的信息，供机器来学习，否则数据量越大就越是垃圾数据。去年 10 月 13 日，美国发布了《新一代人工智能国家规划》，11 月 15 日，美国国家标准与技术研究院专门举办了海量数据有效信息发现的比赛。今年斯坦福不断地举行国际自然语言理解比赛。三项比赛都是科大讯飞拿了全世界第一名。

后台不仅仅因为科大讯飞，还因为有很多做数学和基础理论的科学家，有的来自中国科技大学，有的来自清华，包括跟北大的大数据技术研究院都有很多的合作，才有这样一次又一次的突破。

我相信在未来的数学发展当中，尤其我刚才跟许晨阳沟通，他现在还是专注在基础数学理论的研究，这个更伟大，决定了未来我们科学真正的深度和广度。今天特别高兴看到了这么多青少年，看到我们非常仰慕和尊敬的北京四中的校长，带着学生来到这里，还有很多学校的同学都来了，这更进一步让我们看到了科学研究不断地在这个国家深入到每一个孩子的心目当中。场面的爆满让我们看到了科学的精神植根在越来越多的青少年之中。

科大讯飞从创立之初，提出希望通过人工智能的技术，让机器能听会说，能理解会思考，用人工智能建设美好世界，其中一个是让青少年的学习更轻松、更愉快，服务他们健康成长、快乐学习。

中国最近选出来100所最顶尖的高中，已经有68所在跟我们合作，希望通过数学和人工智能，精准分析每个孩子的学习情况，从而实现千百年来希望做到的因材施教。我们的机器不仅在数学、物理作业批改上取得了突破，其在全球批改语文和英语作文方面也超过了人工。通过这样的发展，通过这样的活动，我们希望在所有的青少年心中，第一是埋下科学的种子，相信未来的世界一定是基于科学和创新的世界。

第二是埋下自信的种子，相信通过我们自己，不仅可以在青少年时代做出真正学习优异的成果，还可以在中国做出真正全球引领性的创新成果。

第三是埋下快乐的种子，希望无论是做理论创新还是做技术创新，做科学家还是企业家，大家都自信和快乐，希望在我们这个时代每个人都有很好的成长。我们期待未来科学大奖数学与计算机科学奖的设立，能够为大家未来的科技感觉、未来的自信心，以及未来的快乐成长，提供源源不断的动力，期待各位同学有更好的成绩、更好的未来。期待许晨阳继续在全球领域为中国赢得越来越多的大奖，为人类进步创造越来越多的数学原理的突破。谢谢大家！

**王　强**：亲爱的观众朋友们，还有线上观看直播的听众们，感谢大家牺牲了宝贵的午后时间，吃完午餐之后，我们现在开始享受最玄妙、最美丽、最遥远、最贴近的精神盛宴——数学与计算机科学的盛宴，我是数学与计算机科学奖的四位捐赠人之一，因为其他三位现在都忙，所以让我来替他们“扫盲”。另外三个人是马化腾、江南春和丁磊，他们现在当然是在计算机和数学的基础上繁忙地工作。作为四个捐赠人之一，来主持今天的活动，我非常荣幸，想谈谈我们当时捐赠的主旨，为什么要用自己的想法和一些财力在中国捐赠这么一个只专注于基础科学，与商业毫无联系的奖呢？目标就是要让所有的国人对真正的基础科学，不仅产生共鸣，而且产生越来越深入的理解和热爱，真正地来支持中国创新力最核心的东西。我们不仅想通过这个奖项让世界知道，中国人在这个领域的聪明才智和创造力的级别，更想把这样一种科学的、疯癫式的探索的勇气和引领者的姿态，逐渐下引，引到青少年和少年儿童，使得他们从幼小生命开始绽放的一刹那，对科学、数学和计算机与数学交互给人类创造无穷可能性的东西产生极大的热爱，只要有全民的这样一种对科学的热爱和激情，像对足球一样，越来越多的数学家、数学大师就会脱颖而出，就会产生越来越多的许晨阳教授、刘庆峰教授这样伟大的科学工作者。今天把在各自领域贡献卓著的两位科学家，特别是第一届数学与计算机科学奖获得者许晨阳教授请到了现场，来和现场观众，以及观看网络直播的观众进行真正近距离的对话，在中国这样的场面我也是第一次见到，我希望这只是开端，而不是终结，而且必然是一个宏大的开端。

接下来首先请许晨阳教授介绍一下自己。

**许晨阳：**谢谢王强老师的介绍，我叫许晨阳，1981 年在重庆出生，成都长大，18 岁在北京大学读书，23 岁去美国普林斯顿大学念博士，

2008 年博士毕业，然后 2012 年底的时候回到中国，从事数学方面的研究，我从事的方向是代数几何，明天我的演讲会更多地介绍我所从事的方向。

说几句关于我自己对未来论坛的看法，我自己觉得，在中国有这么一个优秀企业家捐赠者把钱投入基础科学研究当中的机会，让大家来了解科学，促进中国科学的发展，把我们国家建设成未来的科学强国，是很有意义的。

**刘庆峰**：今天我主要祝贺许晨阳和帮助许晨阳回答问题，1990 年，我在中国科技大学读书，本科和研究生是在中国科技大学读的，研究生开始创业。科大讯飞起步是做人工智能领域中的语音和语言技术，我们创业之初，中国语音市场全是国际巨头控制，现在我们已经占据了 70%的中国语音市场，中文语音技术已经由中国人做到世界最好。

我们的成功归结于我们有一个伟大的创新创业时代，但是中间让语音合成技术早期从不能用到 3.0 的使用门槛，到全世界首次超过真人说话，这里面的核心就是数学统计建模方法的突破。

今天特别高兴看到数学与计算机科学奖不仅设在未来科学大奖之中，而且是由 80 后优秀科学家得这个奖，期待更多优秀同学加盟到数学这个充满无比乐趣和神奇的科学领域当中来。

**王　强**：每位同学介绍一下自己。

**郭笑延**：我是北京四中初三年级的郭笑延，我喜欢科学探索，也喜欢数学研究。

**邢若萱**：我是北京四中国际校区高三的邢若萱，我喜欢数学和有逻辑的东西，学习数学给我带来了安全感。

**张　简**：我是北京中学的张简，我特别喜欢思考身边的一些小事，包括数学，我比较喜欢刘庆峰教授说的数学建模，我曾经在国际数学建模大赛当中获得国际一等奖。

**张益铖**：我来自北京通州龙王庄小学，上五年级，我喜欢数学，还喜欢自己在计算机上做一些游戏。

**王　强**：接下来进入对话环节，每位同学都有自己的问题，想跟两位科学家进行交流和对话，请按照顺序来提问。

**郭笑延**：许教授您好，我是初三学生，作为初中学生，我更关注未来科学大奖里的“未来”二字，我对您的研究方向只能说是作为一个初中学生的了解，对于未来社会的发展与建设，您的研究方向具体有哪些帮助呢？

**许晨阳**：这个问题刘庆峰教授帮我回答更好。数学跟未来的关系很奇妙，数学有的时候像是人类开拓未知边界的尝试，边界跟实际生活什么时候联系上，这是很难讲的事情。黎曼在1854年发现了黎曼几何，当时只是一个数学理论，爱因斯坦发现广义相对论的时候，发现他需要的数学理论正好是黎曼准备好的数学理论，因为爱因斯坦的数学不是强项，如果再让他去发展数学理论的话可能就没有广义相对论这回事儿了。数学发展跟未来的联系，一方面是很不确定的，但是，具体的在很多工业界，或者很多现在具体生活当中，数学的应用是能够看到很多的。

**刘庆峰**：我觉得是这样的，现在我国的中小学学的数学，很多是从基本的数学原理开始学，国外有很多高中，刚才听到有四中的国际班，有的时候学习数学课程，基本的微积分入门之后，他们就学习基于物理学的微积分数学原理。其实最早数学的产生，很多就是跟实际生活相关的，用来解决实际生活当中的很多疑问，扩展实际生活当中的相关经验到更多的领域。如果说跟今天身边直接相关联的，比如计算机开口说话，各种文字读出来，比如高德导航林志玲的声音，它是怎么做的，就是用数学模拟人从肺部出来的气流，通过声带调整，变成脉冲气流，从口腔变成声音出来。数学建模，模拟语音的叫语音合

成。2017 年 11 月 6 日，国家医学考试中心正式发布了“2017 年国家执业医师考试临床综合笔试”合格线，“智医助理”机器人的测试成绩同步揭晓。在本次测试中，科大讯飞和清华大学联合研发的“智医助理”机器人取得了 456 分的成绩。这一成绩大幅超过临床执业医师合格线（360 分），在全国 53 万名考生中属于较高水平，机器未来可能当全科医生，这是完全基于数学原理性的统计建模和学习的突破。

无论是航空还是海洋，或是到身边几乎任何看到的新的科技和工业，无不是由数学建模作为基础建立起来的，数学是自然科学的基础学科。今天无论是未来的科学家，还是未来的企业家，或是工作人员都必须学好数学和计算机，万物是相通的。

**王　强：**上次公布大奖（获奖者）的时候，和担任评委的这些科学家们讨论，有一位教授说的话很有意思，数学是第一科学，剩下的都是应用数学。如果它是基础的基础，那它就是未来的未来。

**邢若萱：**现在社会似乎越来越注重应用类科学，以及工程类研究的发展，这种侧重是否对纯数学带来了一些经费方面，或者社会重视度方面的影响，以及国内、国外纯数学科研领域有什么差别？

**许晨阳：**这当然也是数学家们很关心的问题。经费的影响，从纯理论数学研究来讲，我们在国家经费当中占的比例不太大，因为数学不太需要太多像实验设备，或者太多的人员这些；当然，另一方面，

目前中国实际上在基础科学研究的投入比例其实很大，我曾经看过一个数据，大概是中国在过去四年的科学投入当中，我们的增长比例远高于美国在过去八年的科学教育当中投入的增长比例，所以中国整体来讲，现在正在把很多资源和经费投入科学研究当中，而数学这一块，现在是基础数学，我们真正需要的经费和资源不像应用科学那么多。

另外，我们大概可能需要一些更自由、更独立的空间和这种机会，让我们从事这种比较独立的思考，这大概是数学跟其他很多科学研究不太一样的地方，数学现在大概还是以这种单兵作战的形式为多，其他很多科学已经进入集团化研究的状态。

**张　简**：许教授曾经就读于普林斯顿大学，和两位国外的科学家合作，取得了很多成就，您在西方研究数学的过程当中，觉得西方思维方式，或者思考数学的过程与中国有哪些不同？我们新一代年轻人，在学习数学的过程当中，能汲取些什么？

**许晨阳**：我其实跟超过两位以上的数学家合作过，国外合作者起码有十个以上。你问的这个问题很好，是我从小学学习数学的时候一直在思考的一个问题，因为其实我们看到的历史上的数学家，大多数都是西方人，所以我们经常问自己同样的问题，中国的思维方式和西方的思维方式，在研究数学上有什么不一样？如果看数学的历史，数学大概确实是从古希腊分析性的思维建立起来的，所以这个在我们中国历史上的这种社会当中，可能不是我们最着重的一个点，另外，可能我们的东方性思维强调综合性，我相信在数学研究刚刚开始深入的时候，我们需要更多分析性的思维，但是最后需要从一个更全局的观点看的时候，可能有的时候需要综合性的思维，这两种思维都需要。最后一个问题问我对年轻人学习数学有什么建议，我觉得一开始大家可以更多地发展分析性、逻辑性思维，到某个阶段对这种思维掌握得很好了，就可以开始考虑发展这种综合性的全局思考的思维。

**王　强**：首先有分析性思维，把做事的基本功练扎实，再对世界、宇宙有总体性的思维，加在一起，这是许教授获奖的根本。

**刘庆峰**：科大讯飞现在所做的研究当中，有基础性研究，也有应用型研究。现代中国的数学研究跟西方比，若想做好数学基础研究，首先应摒弃短期的功利性，要源于热爱。人类历史上最伟大的发明，都源自十八、十九世纪欧洲的大科学家，因为他们都是贵族，衣食无忧，完全源于热爱和个人兴趣做这个事情。这次未来科学大奖，专门瞄准基础学科，跟功利性实用产业无直接关联，这是非常了不起的。科大讯飞每年要求研究院拿出一部分经费给这些科学家，不要求任何短期回报，完全就是探索未来，只有这样基础研究才有人做。国家科研体系、投入体系当中已经有越来越多基础性、前瞻性的投入，这是将来更多人从事基础研究非常重要的导向。

**王　强**：有解决具体问题非常精准的工具性思维，对世界取得的整体思维，加上创造力和长久性思维，长宽高加在一起，变成立体思维，这是你们从小需要获得的东西。

**张益铖**：人工智能创造未来，世界会怎么样？学好计算机一定要学好数学吗？

**许晨阳**：人工智能未来的世界会怎么样？我们也经常问自己，大家从事每个行业现在都在问自己这个问题，人工智能这个行业最后会让我们的世界变成什么样，所以比如说我们现在也有数学家在想，我们能不能将来用人工智能证明数学定理，这样数学家就失业了，但有人想人工智能还不能证明定理，但可以拿来验证定理，写一个证明，人工智能可以验证证明是不是对的，这个对数学家帮助更大。人工智能对于人类事业的改变将来会是方方面面的，我想这个可能刘教授会有更多的认识。

学好计算机是不是总是需要数学，我自己当然相信应该是的。

**刘庆峰**：最近出来一篇文章，BBC 转播，《人工智能第三次浪潮》，深度学习算法不断地突破，已经可以在一个又一个领域改变世界了，只要有规律可循，有逻辑可学习。刚才有一个同学说喜欢数学，就是因为喜欢一切有规律的东西。计算机都有可能超过人，所以未来世界，我们可以想象，每个孩子都有家庭老师，有人工智能小伙伴，每个家庭都有人工智能家庭医生，每个老人都有人工智能的保姆，像水和电一样无所不在。

科学家预测 2045 年之前，50% 的现有工作将被人工智能替代，这是去年 2 月份的预测，这个进度还会更快。人工智能替代的是重复性工作，替代不了的是三种主要类型：第一种是需要社交能力和沟通能力、人情链和艺术；第二是有爱心和同理心，以解决别人的痛苦，帮助别人为快乐；第三种是艺术和灵感。现在打字员、电话接线员 99% 会被替代，我们的科学家被替代的概率是 6%，我认为 1%了不起，老师有可能 0.4% 被替代。教育是所有忘掉一些东西后剩下的东西，这是根植于心的东西，这是机器做不到的。3~5 年人工智能改变世界，在各个行业的产业格局基本会确定，全世界在发布新一代人工智能规划，10 年之内，有望现有工作 50% 被替代掉，但是要创造出更多的工作。30 年之内看不到人工智能自己改变程序，现在的技术的路径，跟这个一点关联没有。数学一定是计算机的基础，未来一个项目组也许有人做创意，有人做梦想，有人做计算机原理，也有人做基础数学、应用数学，没准有计算机专门产业化，形成迭代，一个完整的组合，这个事情才能做得更好，大的逻辑当中一定需要数学。

在座有同学可能特别有数学天分，也有可能有艺术天分，没有关系，一样可以加入数学和未来科学大奖的共同工作当中来。

**王　强：**许晨阳教授作为一个 80 后，第一次获得世界上这么重要的一个奖，请问您的青年时代、少年时代甚至儿童时代，比如说在您五年级的时候是什么样的状态？聪明过人还是不如他人聪明，什么东西让您觉得数学就是您这一辈子要追求的梦想了？从一开始，您就在数学方面展示了天分，还是什么契机，生活当中什么东西，还是某一个事件，让您突然对数学产生了这一辈子没法割舍的念头？

**许晨阳：**因为今天正好在座有这么多的青少年，所以我其实挺愿意跟大家聊一下我自己怎么成为数学工作者。我很小的时候，我自己觉得我可能对数字的感觉还可以。从小数数比别人数得多一点，大概三四岁的时候。从我小学到初中，在班上数学成绩还算好。

**王　强：**中学在哪儿上的？

**许晨阳：**成都九中。数学竞赛还可以。我也没有觉得自己明显比别人聪明很多，就是好一点。因为搞了数学，所以没有费太大劲，就上了北大，没有参加高考。

**王　强：**我是参加过高考的，当年高考考文科、考外语，我们可以选择，要报考外语专业，可以选择考数学，数学作为录取参考分，当然我们的数学卷子和考清华的卷子一模一样，我的参考分是 59 分，据说 77 分到清华。当时你在小的时候，从中学包括小学，虽然在数学方面，您做的东西非常容易，那还有其他科目，跟其他科目来讲，您的兴趣和其他科目相比，数学占了多少权重，在当时，您喜欢它吗？

**许晨阳：**我其实从小特别喜欢那种理论性的东西，不光是数学，像我以前小的时候很喜欢哲学。大概初中的时候，家里买过很多哲学书，但都没有看，只看了前几页。

**王　强**：第一本哲学书现在记得吗？

**许晨阳**：要么是尼采要么是黑格尔，大概是在初中。

**王　强**：我毕业以后才知道这些。

**许晨阳**：我对于思辨性的东西特别喜欢。有的人喜欢动手，我小时候实验不行，动手能力不强，参加劳动课、物理实验课，动手能力很差，做蚯蚓标本，要钉头，我直接钉在胸上。

数学或者哲学，或者其他思辨性的东西，我都感兴趣。我那时候很小，觉得学哲学不见得能养活自己，可能学数学比较能养活自己，所以后来想学理科，可能这个在我们当时还是有重理轻文的 想法。

**王　强**：当时有种说法是“学好数理化，走遍天下都不怕”。

**许晨阳**：当时想从事理科，最具理论性的就是数学，其实我对文科和哲学都很感兴趣。

**王　强**：到了大学，就读北大数学系与您今天获得这样的成就，有什么样的一种逻辑上的关系？是因为您个人的天分，还是在北大发现了数学世界的什么东西？

**许晨阳**：我上北大，对我的影响最重要的是两点。第一，上了大学之后，我才发现，大学的数学和中学的数学完全是两回事。中学的数学很漂亮、很精致，但它是人类一两千年以前大家知道的东西，大学数学是几百年来很多非常杰出的思想搭建起来的东西。中学数学强调技巧，大学数学首先强调思想，再强调技巧。当时感觉像是一个从小没有见过大海的孩子，突然有一天看到大海的感觉一样，真的特别兴奋、特别激动，所以北大给了我这样一个接触现代数学的机会，这是北大对我的第一个影响。

第二个影响，当时跟我在北大一起上大学的同学当中，很多人像我这样第一次接触现代数学，也很兴奋，可能很早就开始想从事数学研究，我们之间这种互动，对于我的影响很大，所以像青少年形成这种好的学习小组，在好的学习环境中形成良性的竞争关系，这个对于将来发展作用非常大。

**王　强：**到了北大数学系的人都是天之骄子，都是这个领域里和你一样强的人，或者接近和你一样强的，学习过程当中，从考试当中，靠什么方法在同样一张考卷中脱颖而出呢？你在北大的时候考试优秀吗？

**许晨阳：**还可以，但我不是每一门成绩分都特别高的那种学生。我可能喜欢的课花的时间更多，不喜欢的课可能就考试之前学习一下。因为大学也不像中学，一天都有老师盯着你，但是不上课的时候，都在图书馆里学习自己想学的东西，而不是打游戏，或者干别的去了。所以大学的时候，我自己觉得我可能比我的一些后来没有从事数学的同学，跟他们相比，感觉数学对我的吸引力更大。很多人也喜欢数学，但是更喜欢学别的东西，这也是很好的事情。我的很多同学不从事数学研究，在各行各业也做出了优秀成果。我们现在社会发展这么丰富，每个人都应该尽自己所能，找到自己最适合做的事情，我一直觉得自己很幸运，在大学阶段确定做数学是自己比较擅长的，而且是自己又很喜欢的事情。当然不是希望每个人都成为数学家，也做不到，每个人通过社会的发展找到自己，把自己的能量完全发挥出来，这个对社会的进步是最快，也是最有帮助的事情。

**王　强**：钢铁是怎样炼成的？回到数学本身来说，您的学习方法是什么，什么样的东西吸引您？给这些即将要走进中国大学殿堂的青少年们展示一下，您是怎么读书的，怎么思考的？您在不读数学的时候，您的精力又放在什么地方？怎么样把这个东西综合起来，使得像滚雪球一样，在数学世界越滚越坚实？

**许晨阳**：我现在还在学数学，一边做研究的同时还在学，这其实是不停地发展的过程。每个人在不同的阶段，学习的方式也不同，中学时代学数学不太花工夫都知道，上大学之后，才真的知道原来数学知识这么多。大学不是坐在那里，书看过一遍就算学习过了。跟中学数学很不一样，大学数学需要带着理解，很宏大的知识体系，知识结构建立在一开始学的几门课之上，一点一点搭配起来。几百年上千年数学的精华，这些东西真的掌握在心里，其实是一个很难的过程，不是会做两个题，或者会考试就达到了，真的把这些东西融合到脑子里，这个学习才是真的学习，需要不停地去想。

我上大学经常做的事情，走在路上没事的时候，就想想到底学了什么东西，自己不停地跟自己在脑子里对话，把自己学的这些在脑子里反反复复，而不是把书合上了，学习就终止了。每天生活融合到数学里的过程，这是我上大学的时候，包括我后来研究数学到今天学习数学的主要方式。

**王　强**：你的梦想如果不能够和生命完全无形地融合在一起的时候，那么知识就是知识，永远不能变成最大的成就、最大的智慧。

你离开了北大，到普林斯顿大学学数学，在那儿读书的经历和今天的成就，给了你北大之后什么崭新的东西，让你有了今天，成为你的核心的东西？

**许晨阳**：首先读博士的这段经历，可能是人生活当中的一个特别的，跟其他时候不一样的经历，读博士基本上很多时候生活在自己的世界里，或者生活在很小的世界里。博士毕业之后，我当然重新从事数学工作，见学生，见越来越多的人。读博士那种完全专注，完全把自己的大部分精力投入在一件事情上，这个过程对我这一辈子影响非常大，我经历过完全把自己全身心投入，然后没有一点或者只有很少的杂念的思维状态，要做成一件事情，这个可能是每个人都必须经历的一种状态。在我当时去普林斯顿大学，包括我工作的很多像MIT（麻省理工学院）这种特别有名的学校里，我当时感觉就是在这个学校里行走的每位教授都是科学界的巨人，我发自内心地对他们有很尊敬的感觉。我经常想，我作为学生的时候，即便我做不出数学研究来，最起码能好好欣赏他们的东西。数学是非常非常美的，他们研究的数学是非常漂亮的东西，我希望自己欣赏。我研究数学的过程当中才发现，只有自己真正研究了才能完全欣赏，什么东西只有参与创造，才能欣赏，才能知道怎么来的，将来怎么发展，到什么地方去。我自己研究数学的过程同时也是我欣赏数学的一个过程，研究数学这一点让我每天有这种陶冶情操的感觉，我感觉很棒。

**王　强**：当你们走到校园的时候，看到校长从身边走过，当校长的身影叠化成你们的身影的时候你们就成才了。看着大师，欣赏着他们的身影，有一天你的身影一定会汇入这些人的身影。其实在生活当中需要这种投入、这种信任、这种信念，而且我记得许晨阳在一次采访当中说过一句话，当时以为学数学能够让生活更美好，结果没有想到数学非常枯燥。虽然他能领略其中的美，但对于社会上普通人来说，它跟我们的现实生活毫无瓜葛。但是有了这种信念，走着走着自己变成了大师，感谢许晨阳分享了这样一些东西，会后大家有时间赶快抓住许晨阳教授，问问他，要成为他这样的人，怎么样学数学。

接下来，请互动嘉宾根据网上征集问题，和台上两位嘉宾进行互动，今天的嘉宾是山世光——中科视拓（北京）科技有限公司的创始人、董事长兼 CTO，中国科学院计算所研究员，未来论坛的青年理事。下面由您和两位互动。

**山世光：**今天刷脸签到系统也是我们公司和实验室来做的，也是人工智能的重要进展。首先问一下刘总，刘总在刚才的对话过程当中，提到了会有越来越多的工作都会被人工智能替代，网上有这样一个问题，未来是不是越来越多的事情都会是 AI（人工智能）来做，那我们人做什么？是不是像我们看的电影《瓦砾》里面的人，变成大胖子，整天晒太阳，喝着果汁，不干别的。人干什么呢？

**刘庆峰：**刚才前面已经说过了，在这些需要创意的、需要人机交互等的领域当中，其实现代的人工智能很难替代人类，但是今天确实看到了，社会面临的普遍现状是，每个企业、每个区域和每个人都不能脱离今天人工智能所带来的这种冲击，有 50%以上的公司更多的工作可能被人工智能替代：在纽交所，高盛自己宣布的，原来 500 多人的交易员，现在只有 2 个人；今年 7 月 10 日，全国政法工作会议，人工智能可以帮助法官办案，防止冤假错案；可以设立人工智能在线诊疗医院，在肺癌、乳腺癌这两个中国相对比较高发的癌症当中，达到三甲医院水平。越来越多的领域会被替代，将来人类做什么？人工智能发展过程当中需要配套的社会法律体系和人文体系的完善，也许有一天这个世界由于人工智能，我们不仅能从繁重的体力劳动当中解放出来，也能从繁重的脑力劳动当中解放出来，更有时间探索宇宙和未来，八小时工作制变成三小时工作制，人工智能将带来帮助。

全球1024开发者大会刚刚召开，去年10月份，人工智能平台上有20万创业团队，今年增加到46万家，都是实名认证的团队。人工智能能够满足每个人的个性化需求，将来创业机会越来越多，因为特定的群体需要了解他的个性化需求，掌握他们的特定品位和需求的创业者成为每个细分领域的创业英雄，而不是统一的手机外形，统一的互联网某种服务。细分领域的需求将来会创造更多的新的就业机会，代替了现在的岗位，当然会有更多的新的机会会出现。

"人工智能+"时代的到来，现在"人工智能+"行业，能不能做到"人工智能+个人"，人和机器下围棋已经没有意义了，每个人带着一个机器人助手再去下围棋才好玩。去年广州天才少年团跟人工智能的小玩具阿尔法蛋PK科普知识，科普大赛广州市前三名，每个组两个人合在一起变成六个人的天才少年团，小玩具以90:70战胜天才少年团。以后每个天才少年不是跟机器PK，而是每个人带着阿尔法蛋助手，做老师和家长没有想象到的全新的创造和未来。我们希望未来为每个人赋能，像水和电一样为人服务。假如针对每个特定人，愿意花精力为之训练，今天给你一个人工智能助手，做5%的工作，一年以后30%，五年以后90%的事情他帮你做。今天为什么没法做？算法的复杂度导致训练成本太高。未来能不能做到无监督训练？真正进入强人工智能或者通用人工智能逻辑，算法上需要不断地突破，需要基础的数学理论和应用相结合。人工智能算法能不能极简，使它的运算能量消耗大幅度降低？这一轮的Alpha Zero跟人类下围棋，能耗下降几十倍，去年下围棋，消耗近十吨煤发的电，而人吃一碗饭可以了。将来人工智能大规模普及，每个人站在人工智能基础之上，需要算法突破，需要新的能源，但是希望算法使得能量消耗降低下来。所以通用的人工智能算法、无监督训练，以及能耗极低的全新算法和逻辑是我们下一步要追求的。那个时点每个人都会站在人工智能舞台之上获得全新的未来，而不只是少数人和个别科学家的事情。

**观众提问**：我是北京四中国际校区高一年级的高铭杞。许教授您是一位80后数学家，获得这么大的奖项，原因之一可能是您的时间安排方面非常突出，您能在这方面给我们一些建议吗？

**许晨阳**：当然，作为一个青年人，我想怎么管理好自己的时间，这是每个人经常问自己的问题。我现在记得，我念书的那会儿，我几乎就是把我所有的时间都投入到学习当中，当然不是每个人都对学习有这么大的热情，尤其在大学里，大家有各种各样的选择。把自己的时间投入到自己觉得最应该做的事情上，最重要的是要知道自己擅长做什么事情，把擅长和喜欢结合在一块，而把时间点花在这个上面。一个人能变得更成功、更出色，最大的区别是跟别人不一样的地方。可能大家有些方面都不差，你也能做到不错，这种不错，很难保证比别人做得更优秀、更出色，最后社会上对你评价更高的部分，是你跟别人不一样的部分，所以你把这个时间和精力更多地花在怎么发展跟别人不一样的地方，这个对将来一个人做得成功有很大的影响。

**观众提问**：我是来自北京四中国际校区高一年级的学生。数学作为一个基础学科，也是在座各位同学接触时间最长的学科之一。对于对数学有兴趣，并且想在数学方面有所研究、有所成就的孩子们，您有什么样的建议吗？或者说我们现在应该怎么开始做？

**许晨阳**：如果中学就开始想从事数学研究的话，你其实比我还早，我是真的上了大学才真正定下想从事数学研究。研究数学这个事情能带给我自己非常高的精神享受，这种事情是任何别的东西取代不了的，当然我想不是每个人都有数学天赋，对一个数学比较好的青少年，如果你们能够在不管解一个数学题，或者研究数学的过程当中，获得这种享受，千万不要随便放弃，我自己觉得这个世界上能带给你这种享受的事情不是这么多，这是纯粹精神上创造的享受。至于怎么去学习，很多不同的人学习数学有不同的方法，有的人更擅长于解决问题，有的人更擅长于搭建理论，不管怎么样要把精力更多地集中在数学方面。

爱好和梦想完全结合在一块儿，这样的话，不管做什么事情，都能保证成功。

**王　强**：再回到刚才没有完成的网上征集问题的代问。

**山世光**：王总您作为大奖的捐赠人，开场的时候其实也提到了为什么捐这样一个奖，孩子们关心背后是不是有深刻的原因，是您在投资过程当中，数学对您起到了非常大的作用，赚了大钱，所以才捐的这个奖？

**王　强**：马化腾、丁磊、江南春大家都熟悉，不用说了，作为企业家，我们深刻地认为，中国商业最近突飞猛进，在商业模式和很多商业创新上，已经好像简单地从世界其他发达地方我们找到灵感，以及到输出灵感的过程，转变为在很多领域不仅平起平坐，真正在很多领域已经走在了发达的商业世界的前面了。作为这一拨商业浪潮的受益者，我们愿意追问一个问题，中国这30年的改革开放，为什么中国的国力，一步一步让世界惊艳，靠什么创造力支持呢？往下深入，不仅仅是商业者、先行者他们的胆量、勇气，以及我们整个国家政策鼓励这种创新创业的东西，再往下深入，支撑所有商业实践、产品、服务的最基本的东西，回到最基本的原始，就是数学和计算机。现在任何一个服务、任何一个企业、任何一个产业，离开计算机不可能有强大的竞争力，刚才刘庆峰和许晨阳都说了。而计算机世界的基础就是数学世界，如果追溯到创造力的根源，不仅仅像泉水一样小规模涌流，应该把源头扩得越来越大，让所有人走到创造力源头，共同开拓创造力，成为全民的实践，成为青少年和生命叠加在一起的梦想和每日实践的话，中国创造力引领世界只是时间问题。

如果说大的话，我们四个人想到这一点，觉得用自己有限的这种奉献，来做一件我们认为是让我们感觉到十分荣耀的一件事，而且通过我们坚持十年做这件事，让这样的东西深入人心，使得整个中华民族创造力的生命之树，不仅深深扎下根，从幼小的时候扎下根，而且充满着想象力的翅膀。当一个东西有了根，有了翅膀的时候，既能根深叶茂，又能够随意飞翔的时候，全中华民族的创造力就会在世界上展示独一无二的色彩。所以回到这个问题，其实说大了就是这个，说小了当然是一种感恩的状态，因为如果没有扎实的基础，任何商业、任何企业都做不成，包括投资。

**山世光**：既有高的理想和抱负，又有现实的数学在商业领域、投资领域的应用。问一下在座的几位学生有没有学奥数？这个问题其实跟奥数有关，我们国家奥数其实一直很火，这两年稍微有一点降温，但是还是有大量的同学在学习。问一下许晨阳老师，如何看待这件事情？学奥数到底有没有用？该不该学？

**许晨阳**：我自己当然以前是学过奥数，但是我们那会儿学奥数的压力没有现在的孩子大，我们学奥数主要是自己喜欢，自己学一学。学奥数有的时候像练短跑一样，不是每个人都要练短跑，如果这方面你有一定的天赋，你喜欢这个，就应该去做，所以我个人觉得奥数不见得是我们全民数学教育的基础一环，但是我们一定要提供这个选择给大家，可以让在数学方面有天赋，喜欢在数学上面从事一些工作，比周围的孩子更好一些，喜欢在数学上进行自我挑战的这些青少年们，让他们能有一个机会。而且我觉得奥数，我前面也说了，奥数还有很大的好处。我从事奥数的时候，我跟很多那些也喜欢奥数的青少年们也在一块儿，这样我们就有一种良性的互动。他们一般也是喜欢科学的，也是喜欢这种对人的思维进行探索的一些青少年，我觉得我们当时在这样的环境里面，有一种很好的化学反应。奥数本身除了在教育的意义下，它搭建这个环境，让喜欢奥数的这些同学们能互相交流，这本身也有很大的社会作用。我并不鼓励如果孩子明明不喜欢奥数，非要强迫他学。

**山世光**：爱因斯坦曾经说过，提出一个问题远比解决一个问题更重要。您作为数学家，在数学领域耕耘这么多年，能不能在您的感觉里描述一个您现在最关心的数学问题，或者您觉得现在的青少年可以从哪些角度考虑，也许未来会有非常重要的影响力的数学问题的解决？

**许晨阳**：现在青少年当然没有我幸运了，我九几年的时候，喜欢考虑的问题是费马大定理，后来一九九几年被 Andrew Wiles 解决了，人类解决费马大定理花了 350 年。Andrew Wiles 的证明是建立在很多前辈基础之上的，并不是青少年可以解决的问题。另外，数学有很多可以讨论的问题，有的很现实，有的更理论，2000 年的时候，Clay 数学研究所列举了七个主要问题，也叫千禧年问题，或者百万美元问题，每个问题解出来奖励 100 万美元，跟未来科学大奖的奖金一样。七个问题中有一个提出没多久就被解决了，就是我们知道的庞加莱猜想，其他六个问题中有一到两个问题跟我相关，还有一个是 P 是否等于 NP，是做计算的最核心的问题之一。数学其实有很多问题。数论中有一些问题，比如哥德巴赫猜想，可能会成为青少年的动力。除了数论这种青少年阶段已有的知识之外，数学还有很多其他深刻问题，需要通过大学以后的这些知识，搭建知识平台，慢慢去理解。

我自己关心的问题，千禧年问题里面有一个 Hodge 猜想，代数几何最有名的领域，有可能现在数学的知识储备离得还很远，需要人类经过几十年的探索才能真正解决它。

**山世光**：感谢网易科技、腾讯科普、新浪科普、澎湃新闻提供非常好的渠道，有很多问题在这里。还有一个问题，都说中国人的数学很好，不知道您怎么看待这样一个问题，以及如果我们真的好，好在哪里，如果我们不怎么好的话，缺在哪里？

**许晨阳**：中国数学现在不是世界一流水平。我们的奥数是世界一流水平，数学研究并不是世界一流水平，世界一流水平还是像美国、法国、俄罗斯这样的国家，我们这一代数学家很大的希望，是希望通过我们参与到这个过程当中，使得中国数学达到世界一流水平，像我们国家的国力一样，30 年前我们国家的国力并不是世界一流的大国国力，现在我们已经是世界第二大国。

数学以及其他任何一个科学的发展，都需要几代人的积淀。因为历史原因，大概在很长一段时间之内，我国的数学，包括其他很多科学的发展都是停滞的，或者只有很少的人从事这个方面的研究。随着国力强大了，我们有越来越多的科学家、越来越多的数学家，可以从事这个方面的研究，这一方面也是国家提供给我们的机会，以前国家没有这样的财富来容纳这么多人从事基础理论研究，现在有这个机会了，所以我相信在我的有生之年能看到中国数学的发展将来能使中国成为世界一流的数学强国。

**山世光**：代表青少年感谢许老师，特别是让我们知道还有 600 万美元可以挣。

**王　强**：最后我想问一个问题，我们普通人的心目当中，获得任何一个领域的巨大成就奖的这些人，往往都是七老八十了，通过年岁积淀，岁月叠加，最后达到了那个皇冠状态。但是您作为80后，这么年轻，获得了这么重要的奖项！在世界各地除了未来科学大奖，许教授目前在这个领域也获得了几个其他很重要的奖项，数学成就属于老年还是青年？

**许晨阳**：以前有一句话，数学是属于青年的，青年的定义有可能很低。以前有一个很有名的数学家冯・诺伊曼，他是计算机的开创者之一，他说数学家的顶点是26岁，但是我已经过了，现在随着数学的发展，可能大家需要积累知识的时间比以前要长，所以可能数学顶点，并不在26岁。另外我个人感觉，人在青少年的时候，他的创造力是最强的。有可能青少年知道的数学知识不是那么多，但是他们经常有一些全新的、跟别人不一样的想法，这个是数学里面最需要的。随着岁月的增长、年岁的增长，数学家从青年到中年的过程当中，他们把这种完全全新研究数学的想法，慢慢转化成一种靠经验、靠对整个学科的认识，来研究这个数学。

数学既是青年的，也是中年的，但是更加是青年的，我现在按照数学标准可能已经不再是一个青年了。

**王　强**：刚才在您前面的回答当中，我隐约感觉到，您谈到了作为数学家的知识习得，除了数学本身以外，您强调了哲学和其他的非数学，特别是跟数学远离的那些人文的素养，可能在成就一个真正数学家，最后企及成就巅峰当中的作用。跟青少年们分享一下，除了数学本身之外，哪些学科的涉猎或者积淀，对他们的想象力，对他们解决那些最重要、最高深的数学问题有帮助，他们应该习得的东西？

**许晨阳**：对于我这样以从事数学研究为职业的人来讲，我每天跟数学生活在一块，数学占了我人生很大的一个部分，我人生当中任何一个其他部分，最终都间接作用在数学上。所以我很难讲，我的哪块儿知识直接对于我解决数学问题有帮助，我每一次的知识积淀，可能是我看了一场电影，或者看了一本小说，因为对于我个人的人格形成有影响的话，对我的数学研究也会产生影响。青少年也是这样，如果真的想以从事数学研究为职业，它绝对不仅仅只是一个职业，绝对和整个人的人性结合在一块，有一种想要探索世界边界、探索宇宙当中的未知的这种冲动，任何知识最后都会跟数学研究结合在一块，因为做数学研究最后来源的动力本身也是我前面说的对于宇宙边界的探索，对于人类知识的这种扩充。

介绍数学的科普书我特别喜欢的一本叫《为了人类新知的荣耀》，我觉得数学研究就是为了人类新知的荣耀。

**王　强**：维特根斯坦研究哲学，业余的唯一爱好就是读侦探小说，他把英美的全部侦探小说如数家珍般地读过了，他的学生说他跟维特根斯坦的学习过程当中，数理逻辑、语言哲学这些东西学得很少，但是在他的影响下，读了几百本侦探小说，这是最大的收获。许教授是知识的丰厚、人生的历练，综合在一起，变成了今天的他。

总结一下今天的对话，第一个主题就是“热爱”，我们常常说感兴趣，兴趣不足以成为热爱，兴趣是可以消失的。当年我读托马斯曼的小说，有一个细节我永远难忘，一个小孩子跟20多岁的女钢琴教师练琴的过程当中，休息的时间，小孩子突然停止弹琴问老师一个问题：老师，这个世界上有没有一种情感，它的力度、浓烈程度全面超过爱。描述任何东西不是热爱是最高级的吗？老师替托马斯曼说了，这是兴趣。

许晨阳教授把兴趣和爱的辩证讲得非常透，兴趣是触动爱，或者成就爱的催化剂，爱是包容兴趣、呵护兴趣、最后成长的不能远离的土壤，所以有了这个兴趣，有了这个爱，最后才能够在特别枯燥的东西中发现美，在发现美之后发现它对于人类的价值，所以我觉得大家如果从小有爱，围绕兴趣，呵护兴趣，用兴趣推动着爱，离许教授的路就近了一步。

知识的涉猎，要想在数学领域做出数学知识的最高成就，眼光一定要跨越其他所有领域，然后在所有领域之下看数学本身的问题，你的出手和解决问题的方式就和别人不一样了。更重要的一点，谈到了我们个性的培养，大家追求不同才是最后能够展示成就的最关键的基因，包括奥数。如果你对奥数的热爱是来自你内心的、心潮澎湃的追溯，而不是家长、同学都要这么做的话，那么你热爱奥数可能就会结出硕果。如果和大家一样迫于压力，迫于其他人的意志，进入其他任何领域，都很难做出成就。

我第一次听到科学家嘴里说出来的，要想在科学领域、专业领域做出成就，都是与人格塑造密不可分的。数学家，我以前的理解只是工具意义上的突破，而现在看来，如果没有一个完整的、丰富的、优秀的和坚韧不拔的人格，最后肯定是难以支撑你砸碎人类千百年来积淀的艰难的问题的本质。

许教授今天的对话当中给了我们强烈的信息，如果我们坚信这些，并且把这种坚信变成每日行为的一个叠加。走在路上，看一部电影，翻开一本小说，都和最基本的数学世界紧密相连的时候；当你走在路上不断地跟自己对话，仍然是你书本上学的和对世界思考的东西与现实当中体验的东西叠加在一起的时候，最后的叠加变成了数学最高领域的皇冠。

今天这场对话，大家收获一定很大，至少像我一样难以忘怀。最后让许教授和刘教授说几句寄语，他们想成为你们那样的人，需要什么历练？

**刘庆峰**：两句话总结，第一，学数学，无论以后奥赛能够获奖或者能够成为数学家也好，还是从事其他行业也好，数学都是人类思维的艺术体操，所以如果有机会尝试多学一点数学，或者看看自己对数学有没有天分和兴趣，对于每个人都有普遍意义；第二，许晨阳的成功不仅对于数学家来说，对于我们同学和在座的每个人来说，各行各业都是相通的，如何取得成功，12 个字——源于热爱、心无旁骛、长期坚守，合在一起，无论成为数学家、计算机专家、投资人或者企业家，或者在任何行业，都可以取得成功。这是今天最大的启发。

**许晨阳**：最后想总结成两句话，你们的成长过程当中，最重要的一点是找到自己热爱什么，这个并不是一件很容易的事情，所以有的时候需要开阔眼界，看不同的东西，一旦找到最热爱的东西，一定把自己全身心投入其中。如果没有找到热爱的东西，这之前干什么呢？这之前应尽量学习基础性的东西，以备将来学习应用，从基础性的东西到实际应用，这个过程过去是很容易的，学习应用型东西到基础性东西很难，基础到应用是单行道，基础走得很久，什么时候都可以转到偏应用的东西。如果大家还没有找到自己热爱的专业，或者学科之前，尽量从事一些比较偏基础的东西，到某一天，你觉得找到了你更喜欢、更具体的东西，你前面学的那些基础性的东西会对它们有更大的作用。

**王　强**：如果大家暂时还没有爱上这个东西，打开你的眼界，离开这个领域，看看其他所有领域，当你看遍了这个世界的时候，你终于会在你绝望的时候，或者你忽略的地方，发现你难以想象的那个东西，那就是你最后的爱，你如果发现了这个爱，坚守这个爱，持之以恒放在时间轴上，坚韧不拔，最后成功这两个字就离你非常近了。

非常感谢许晨阳，感谢刘庆峰，感谢山世光，感谢台上的几位同学、台下的同学。今天虽然时间短，但从两位科学家的身上能够感觉到所谓企及伟大的成就需要人格的坚韧不拔和人格对于所从事的事业的坚强的、持久的爱，有了这些东西，你做出成就就只是时间问题了。

就像爱因斯坦在普林斯顿大学讲完相对论后说："现在讲演完了，在座哪位同学能告诉我们时间吗？"结束了当时的讲演。我们在此结束本场论坛。谢谢大家！来年见！

许晨阳　王强　刘庆峰　青少年代表

2017 未来科学大奖颁奖典礼暨未来论坛年会

2017 年 10 月 28 日

# 第二篇

## 数字魔法：黎曼猜想

自 1859 年被提出，黎曼猜想历经一个半世纪未被破解。据称，目前数学文献中有 1000 条以上的数学命题以黎曼猜想或其推广形式的成立作为前提。黎曼猜想还表现出对数学其他方面的重要贡献：素数定理的证明即黎曼猜想早期研究中的一项成果。黎曼猜想甚至还越出了纯数学的范围，而“侵入”物理学领地，无愧为数学界最重要的难题。

## 孙斌勇 | 中国科学院数学与系统科学研究院研究员

中国科学院数学与系统科学研究院研究员，研究李群表示论和自守形式。1976 年 11 月出生于浙江省舟山市。1999 年在浙江大学数学系获学士学位，2004 年在香港科技大学数学系获博士学位。2005 年 1~9 月在瑞士联邦理工学院苏黎世分校数学系作博士后研究。2005 年底起在中国科学院数学与系统科学研究院历任助理研究员、副研究员、研究员。曾获陈嘉庚青年科学奖、中国优秀青年科技人才奖、中国青年科技奖、中国科学院青年科学家奖。入选国家自然科学基金杰出青年基金、万人计划(青年拔尖人才)、创新人才推进计划(中青年科技创新领军人才)等项目。

# 朗兰兹纲领：一项伟大的数学工程

朋友们，大家下午好。首先感谢论坛的主持者邀请我来做这个报告，我今天演讲的题目是“朗兰兹纲领：一项伟大的数学工程”。

现在基础数学研究中有三个大家非常关注的方向：数论、几何和表示论。朗兰兹纲领说这三个方向有非常密切的内在联系，所以我们称朗兰兹纲领为数学的一个大统一理论。下面分别介绍数论、几何、表示论和朗兰兹纲领。

我们先介绍数论，我们认识数学是从数数开始的，1，2，3，4，…这些都是整数，数论是一门研究整数的学问，这是最古老的数学分支。在数论里面有两类最主要的问题，一类叫做素数分布，另一类是丢番图方程。

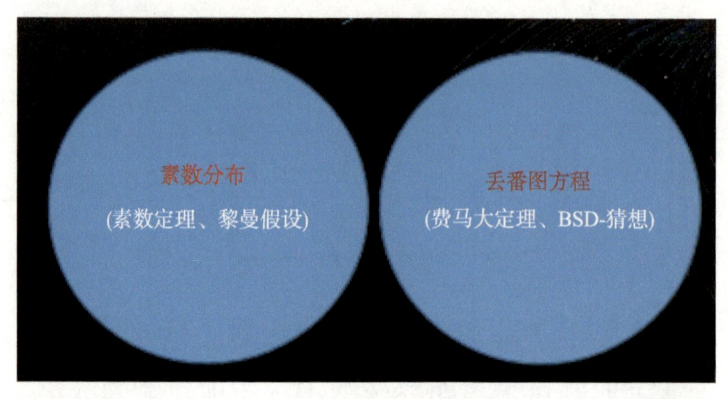


我们知道素数有2，3，5，7，…这些都是素数。素数有一个特点，除了1和它自己以外，不能被其他的正整数整除。首先，素数到底有多少个呢？这个问题在两千多年前就由古希腊数学家欧几里得给出了答案，在他写的《几何原本》那本书里面证明了素数有无穷多个。我们中国人最熟悉的关于素数分布的问题是哥德巴赫猜想和孪生素数猜想，这是因为中国人陈景润和张益唐在这两个问题的研究里面取得了非常巨大的突破，但最后还是没有解决。哥德巴赫猜想说每个大于2的偶数都是两个素数的和。数学家把这个命题称为“1+1”，经常有人问“1+1=2”这么简单的事情，为什么数学家还要去研究？其实这是一个误会。我们说“1+1”并不是说“1+1=2”，而是指哥德巴赫猜想的命题，它代表了这个命题。孪生素数猜想说存在无穷多对差是 2 的素数。其实素数分布里面最基本的问题不是之前说到的两个，而是素数定理和黎曼假设。数学大师欧拉、高斯和黎曼在这两个问题中做了非常基础性的重要工作，比如说欧拉和黎曼引进了著名的黎曼 zeta 函数。一个级数和，当$s$的实部大于1的时候是收敛的，当实部小于1的时候，这个级数不收敛，它的值由复变函数理论中解析延拓的办法来确定。高斯猜出了素数定理的准确表达形式，后来法国数学家 Hadamard 等利用研究黎曼 zeta 函数证明了素数定理。素数定理大致说的是当$N$充分大的时候，小于$N$的素数大概有多少个，这是素数定理的一个大致的估计。但是黎曼假设是对这个问题更精细的估计，大家知道黎曼假设现在还没有解决，而且现在数学家没有办法，也没有任何想法去解决这个问题。

(左图来自Jakob Emanuel Handmann；中图来自Christian Albrecht Jensen；右图来自Wikipedia)

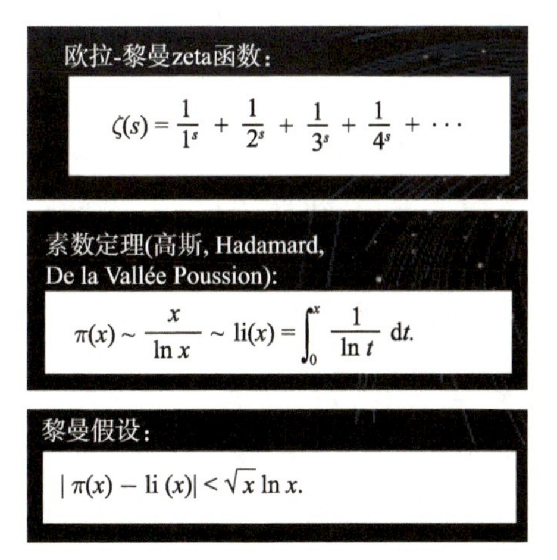


丢番图是古希腊的科学家，丢番图方程研究多项式方程的整数解。丢番图最早写了一本书专门研究这一类问题。最著名的例子是费马最后定理，这里面的几个式子是没有正整数解的，这个定理已经被英国数学家Wiles证明了。另外一个例子是BSD猜想，这是个三次方程，是研究三次方程的有理数解，这个三次方程定义的几何图形叫做椭圆曲线，这个BSD猜想和黎

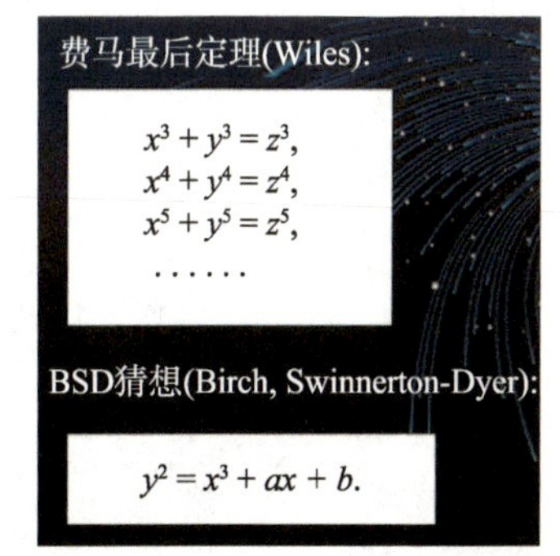

曼猜想一样，是七个千禧年数学问题之一，也是还没有被解决。

下面介绍几何学。几何学是研究各种各样的形状的一门学问，比如说我们非常熟悉的高中里面学到的圆锥曲线、椭圆曲线（刚刚提到的三次方程定义的一个曲线），还有环面。几何学里面包括很多各种各

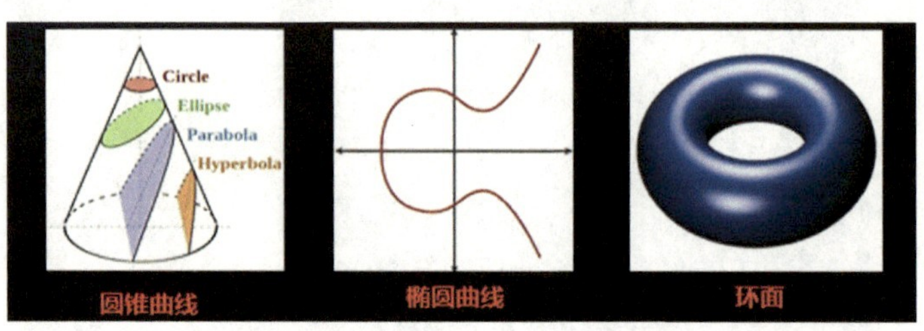


(图片来自Wikipedia)

样的分支，比如说拓扑学、微分几何学、代数几何学等。很多数学大师在几何学里面做出了非常重要的工作。比如说欧几里得，前面在数论里面提到的欧几里得开创了平面几何学，为平面几何学建立了一个完整的理论体系。还有黎曼，也是前面提到的，他开创了黎曼几何学，黎曼几何后来启发了爱因斯坦创立了广义相对论。庞加莱在拓扑学方面做了非常重要的基础性工作。我们知道他有一个重要的非常著名的庞加莱猜想，也是七个千禧年问题之一，这是唯一被解决的一个。最后这个Grothendieck，带来了代数几何学的革命，他对代数几何学的影响非常大。其中，和朗兰兹纲领最密切相关的就是代数几何学。代数几何学研究多项式方程描述的图形，比如说前面提到的圆锥曲线、椭圆曲线、环面，其实都是代数几何学的研究内容。

(图片中左一、左二、右一来自Wikipedia；右二来自百度百科)

第三个部分我介绍一下表示论。这里说的表示论，我指的是群的表示论。群是研究事物的对称性，我们看到这幅图，第一幅图是左右对称的，第二幅图是旋转对称的。在数学上这些对称性是用群作用来

左右对称

旋转对称

$$G \times X \to X$$

(图片来自FreakingNews.com)

刻画的。群的概念在数学、物理或者是其他的科学里面都是非常基本的概念，所以我想详细解释一下这个概念，什么叫做一个群？根据定义，群是由两样东西组成的：其一，是一个集合；其二，这个集合上有一个运算。然后什么叫做运算呢？就是说这个集合里面给你两个元素，你可以得到第三个元素，这是一个法则，这就叫做运算。比如说整数集合，这个运算是加法运算，这样的话从 1 个 3，1 个 4 可以得到 7，3 + 4 = 7。现在有两样东西，一个集合和一个运算，它们必须满足三个条件才是一个群：第一个条件叫做结合律，做运算必须有结合律；第二个条件是群里面必须有一个单位元；第三个条件是这个群里面每个元素都要有一个逆元素，这样就组成一个群。比方说我刚刚讲的整数的集合，加法之下这两个东西的确组成了一个群。但是如果我们还是取那个整数的集合，但运算呢，我们把加法改成乘法，这就不再是一个群了，这里前两个条件还是满足的，我们知道乘法有结合律，还有单位元素1，但是第三个条件不满足：这个零元素没有逆元素，也就是说你不可能找到一个整数，它和 0 乘起来等于 1，所以这个整数集合在乘法下面不是一个群，我们这里关心的是一个群。群的概念起源于法国数学家伽罗瓦对多项式方程根式解的研究，他证明了一些多项式方程的解不可能用根式表达出来。在朗兰兹纲领中其实

我们更关心的是李群，所谓李群，其实它是具有连续性的群，除了群结构还有其他的结构——几何的结构。这个李群起源于挪威数学家李（Sophus Lie）对微分方程的研究。我这里写了两个群的例子，一个

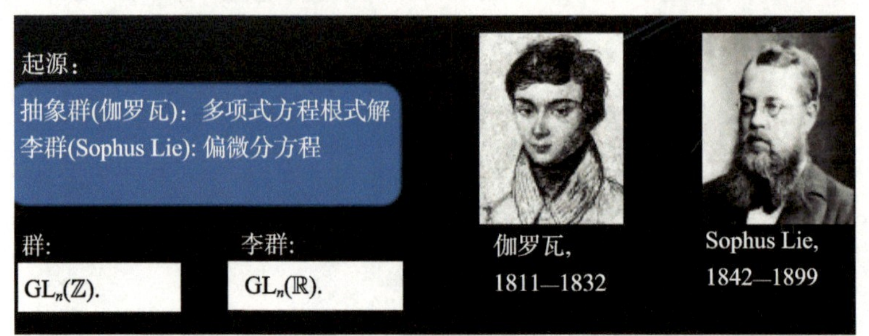


(图片来自Wikipedia)

群和一个李群的例子。这个李群表示论其实是对称性、线性代数和连续性的组合，李群的无穷维表示论起源于量子力学的研究。李群表示论早期的研究主要是集中于有限维的表示论，现在大家更关注的是无穷维表示论。这里面都是著名的数学家，（下图）左边两位在李群的有限表示理论中做出了非常基础性的工作，右边两位著名的数学家建立了李群无穷表示论的基础。

(图片中，左一、左二、右二来自Wikipedia；右一来自网页publication.ias.edu, Herman Landshof摄影)

这个李群表示论和数学中的另一个分支调和分析密切相关，调和分析的主要任务就是把一个复杂的函数分解成简单函数的和，对应的，在李群表示论里面，要把一个表示分解成不可约表示的和。我们知道在调和分析里面有两个重要的例子，一个是傅里叶级数，这在工程里面我们知道是非常有用的东西，还有一个是自守表示，在数论和理论物理中都是有用的，这两个本质上都是李群表示论的例子。

自守表示（与朗兰兹纲领最相关）：

$\mathrm{GL}_n(\mathbb{R}) \curvearrowright L^2(\mathrm{GL}_n(\mathbb{Z})\backslash \mathrm{GL}_n(\mathbb{R}))$.

最后，我介绍一下朗兰兹纲领，前面提到了朗兰兹纲领被称为数学大统一理论，解释了数论、代数几何和李群表示论之间有深刻的联系，这个联系是由被称为L-函数的对象建立起来的，我这里列出来了几个L-函数的例子，它们是黎曼 zeta 函数的推广，这是一个很大的理论。

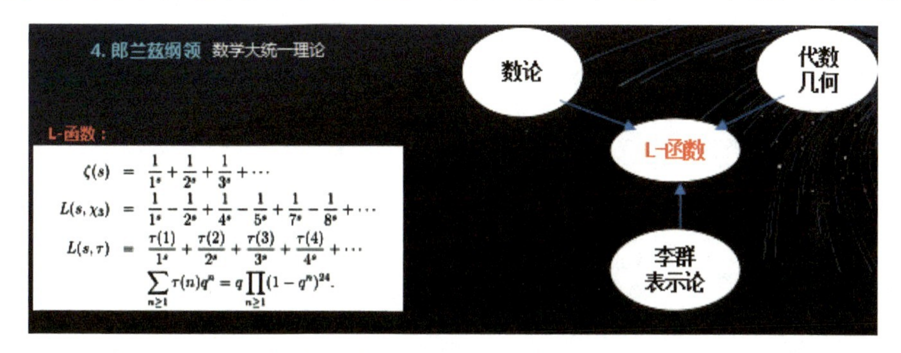


朗兰兹出生于加拿大，在 1967 年，他给数学家写了一封信，他提出了现在非常著名的朗兰兹互反猜想，这个猜想建立了数论和表示论之间的联系。这封信被认为是朗兰兹纲领的起源。朗兰兹纲领的核心研究对象是前面提到的 L-函数，比方说之前提到过的黎曼假设、费马大定理和 BSD 猜想，最终都是 L-函数的问题，朗兰兹纲领中的一个基本问题是朗兰兹函子性猜想，是朗兰兹猜测的推广。朗兰兹纲领中还有一个问题是局部朗兰兹对应，这纯粹是表示论的问题。这里我写了两个对应。

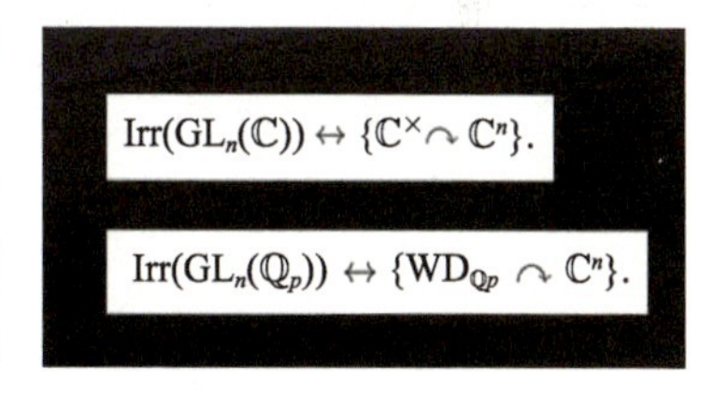

Robert Langlands, 1936出生于加拿大，2007年从美国普林斯顿高等研究院退休。

前面提到的这两个问题中，我们现在的数学家已经取得了很多重要的进展，当然也有更多的问题还没有被解决，这里我写了一些进展。关于这两个问题的研究现在已经产生了好几位菲尔兹奖得主。

- 实数域：Harish-Chandra, Langlands (1973)。
- GL(1)：局部类域论。
- GL(2)：P. Kutzko (1980)。
- GL(n)，函数域：G. Laumon-M. Rapoport-U. Stuhler (1993)。
- GL(n)，p-进域：R. Taylor-M. Harris (2001), G. Henniart (2000)。
- 典型群：J. Arthur (？)
- 约化群：？

- GL(1)：类域论。
- GL(2) 的一些情况：Vladimir Drinfeld (函数域), Wiles (费尔玛最后定理)。
- GL(n) 的一些情况：Laurent Lafforgue (函数域), Harris-Lan-Taylor-Thorne (2016)，P. Scholze (2015)。
- 典型群：J. Arthur (2013)。
- 约化群：？

朗兰兹纲领还有很多的各种各样的推广，比如说几何朗兰兹纲领可能和物理关系更密切一点，还有$p$进朗兰兹纲领，它和数论的关系更加密切一点。这里还有很多的问题等大家去探索。

谢谢大家。

孙斌勇

2017 未来科学大奖颁奖典礼暨未来论坛年会·研讨会 6

2017 年 10 月 28 日

## 刘若川 | 北京国际数学研究中心副教授

刘若川，2002 年与 2004 年在北京大学数学科学学院获得学士与硕士学位，2008 年获得麻省理工学院博士学位，后在巴黎第七大学、麦吉尔大学、普林斯顿高等研究院及密歇根大学从事博士后研究。2012 年起任北京国际数学研究中心研究员。研究领域为数论与算术几何，特别是其 $p$ 进部分，目前主攻的研究方向为 $p$ 进霍奇理论。2012 年入选第二批青年千人计划。2017 年获得国家杰出青年科学基金资助。

# 黎曼与黎曼假设

非常感谢未来论坛的邀请，也很荣幸做这个报告，我报告的题目是“黎曼与黎曼假设”。

这是我报告的提纲，分为四个部分，第一个部分我会介绍一下所谓的千禧年七大问题，刚刚孙教授已经提过了；然后第二个部分我会介绍一下黎曼的生平；第三个和第四个部分是数学部分，我会讲得非常初等，希望大家能够领会它其中的含义。

千禧年七大问题是什么东西呢？2000年世纪之交的时候，有一个Clay 数学研究所，这是现在数学上非常有名的数学的机构，它的目的是推广数学，促进数学的发展。它在千禧年的时候找到了数学界最顶尖的数学家，他们选择了七个问题，这七个问题代表了数学的各个方向上可能最深刻、最前沿的问题。比如说第一个 P 和 NP 问题，这是关于理论计算机的问题，可能很多人都知道。第二个问题是霍奇猜想，可能知道的人少了一点，这是代数几何类的问题，我们大奖的得主许晨阳老师的专业就是代数几何。第三个问题是庞加莱猜想，这是主持人提到的唯一的一个目前被解决的猜想，是被数学家佩雷尔曼解决的，他的生平很传奇，有很多的故事，我不讲了。第四个问题是我们今天讲的黎曼假设，关于数论的问题。第五个问题是杨-米尔斯方程，这个杨是目前中国非常伟大的物理学家杨振宁教授，他在 20 世纪 50 年代关于非阿贝尔规范场的工作，当然是和米尔斯合作产生了这个方程，田老师应该是这个方面的专家。第六个问题是流体力学里面的纳维-斯托克斯方程。第七个问题是BSD猜想，也是关于数论的猜想。

这七个问题，大家常说文无第一，武无第二，这七个问题是没有排序的，没有说哪一个问题更重要，如果说数学家投票，从这七个问题里一定要选出一个问题的话，我觉得有很大的概率是选黎曼假设。我一会儿会讲一下为什么人们觉得它非常重要，首先至少从历史上来看，黎曼假设可能是目前这几个问题里面最古老的，大概是 19 世纪 50 年代提出来的一个猜想，现在还没有被解决。

我还想说一下杨先生，他是属于非常懂数学的物理学家。他曾经有一个笑话，数学书有两种，一种是我看了第一页就不想再看的，第二种是我看了一行就不想再看下去的。数学的学科发展了 2000 多年，最近其实是在加速发展，发展得越来越快，和其他的科学技术是一样的，所以变得高度技术化，在高度技术化之后导致了它的基本思想很难被我们这些没有受过数学训练的人所理解，所欣赏，所以今天我们回到最原始、最基本的想法，让我们看看数学里面很重要、很漂亮的东西。

简单介绍一下黎曼这位数学家，我认为黎曼是 19 世纪最富创造力的数学家。数学家里如果说“最”，往往要有一些风险，这是我个人的意见。他出生在一个牧师家庭，他们家比较穷，他爸爸是比较穷的牧师，所以他从小就被家里送去学习宗教，希望他将来也能当一个牧师，改善家里的经济状况，但是他在中学时代就已经显露出了数学上的天赋，他的天赋使他的老师非常惊讶。我记得有一个故事说有一次老师给他一本书，他一个礼拜就还回去了，说自己已经看懂了，看完了，这说明他很有数学天赋。由于家里的经济原因，他大学还是学宗教方面的东西,最终碰到了后面要讲的著名的数学家，我们称他为数学王子—— 高斯，高斯建议他还是要学数学，因为天赋难得，后来家里面也同意了，就又改学数学了。他的生命不是特别长，大概活了40岁，因为发生了普鲁士和奥地利的一场战争，也是德国统一的时候打的最重要的一场战争。因为战争原因他逃到了意大利，最后死在了意大利。他的一生很短暂，文章也不多，10 篇左右，但每一篇都可以说是能让一名普通数学家名垂千古，很满意了。他几乎每一篇文章都有这个水平，而且有开创性的贡献，他的工作是从古代到现代的过渡，他开创了一些学科，比如说黎曼曲面、黎曼-希尔伯特对应和黎曼几何、黎曼猜想，对现在的数学有巨大的影响，而且可能会继续影响下去。

稍微谈一点数学，一点点数学，基本上只要小学或者是初中的数学就够了，所以大家不要紧张。

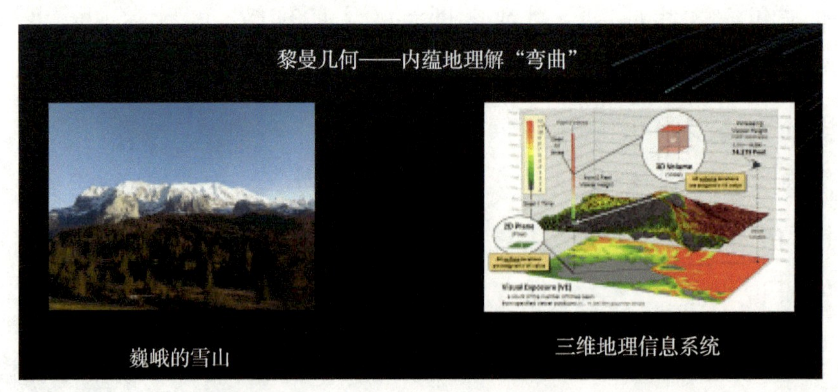


左边是我自己拍的照片，拍的雪山的照片，摄影技术乏善可陈，照片的题目是“内蕴地理解‘弯曲’”，我们看到一个雪山，弯曲嘛，

这个东西是很自然的一个观感，曲曲折折、弯弯曲曲的。如果说你用数学的表达方式,或者说用语言把这个东西表达出来,你可以怎么样？用坐标系，我们都学过坐标系，三维坐标系中，任何一个点都可以用三个数来表达,是吧？这样你就做成了一个所谓的三维地理信息系统，也就是我们俗称的地图，三维地图。你可以把这个地图投影做成二维的地理信息系统，就是平面地图，把这个图像的三维定位出来以后，可以用坐标之间变换的速度，就是所谓的斜率，看出来这个图形的弯曲程度，跟我们的观感是相符的，我想我们普通人理解弯曲都是这么理解的，没有问题。但是从黎曼几何的角度怎么样理解这个问题？假设是这样的情况，一个球面上，我们人类看一个球面可以理解弯曲是什么东西，没有问题。假设现在有一种二维生物，很悲惨，不像我们有三维的视野，可以从外面看弯曲，它就是二维的动物，没法在球面上跳出来看。我们看球面是弯曲的，它怎么理解弯曲呢，这是黎曼几何的核心想法。比如说我是身在其中的东西，我怎么理解我所处的空间或者是宇宙的弯曲程度？

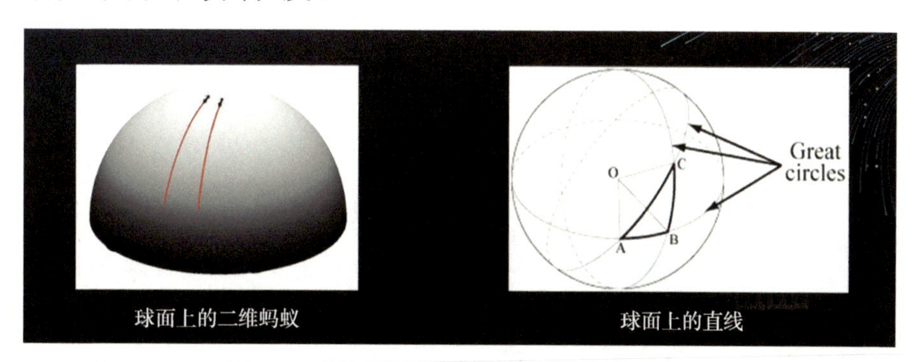

球面上的二维蚂蚁　　球面上的直线

这个核心的想法，黎曼的想法是用距离这个观点、这个概念。我们看右边，初中都学过平面几何，是吧？这是所谓的大圆，就是任何两个点，$A$ 和 $B$ 加上圆心，三点构成一个平面，平面一切这个球，就形成了一个大圆。球面上有一个很重要的性质，就是假设你有两个点，$A$ 和 $B$，你沿着球面走，从 $A$ 点走到 $B$ 点，最近的路径是什么呢？其实就是沿着大圆走，这是很容易知道的一个事实。所以假设这个蚂蚁会测量，虽然我看不见，我不能从外面看见我的球是什么样的，但是我会测量，我测量之后发现从 $A$ 走到 $B$，沿着大圆走最近，自然会想到，这个就叫做直线吧，两点之间直线最短。如果蚂蚁像我们一样思考，就定义它为直线。任何两条直线就是两个大圆，两个大圆一定会相交，这个和我们人类经验不一样了，我们的想法是两条平行线永远不相交，而球面上二维生物的理解是在它的世界里任何两条直线都会有相交，原因在于空间不是平坦的，是弯曲的。如果你有一个只生活在自己世界的二维动物，可以通过测量发现自己所处的空间是不是弯曲的，这就是黎曼几何的基本想法，怎么样能够内蕴地理解弯曲的概念。

后来的故事，大家都知道了，其实我们的命运比蚂蚁强不了太多，我们生活的空间也是弯曲的。我们的聪明在于我们能够通过物理学家的努力，让我们认识到这种弯曲，但是我要说一下这个想法最开始是从黎曼那里来的，黎曼应该是第一个认为我们生活的空间是四维的，是时空，是时间加上我们三维的空间，从这个角度去理解我们所处的宇宙最合适。

天才的物理学家爱因斯坦就提出了相对论。爱因斯坦是非常有物理天赋的人，但是他数学不行。他在上大学的时候，经常逃数学课，所以数学就不行，但是他有一个同学数学特别好。后来他想创建广义相对论的时候，虽然他有物理直觉，但是没有合适的工具，恰好有同学帮助他，说有一个叫做黎曼几何的东西特别适合

你，在五六十年前已经做出来了，你用用看，最后他用黎曼几何表达了他的相对论。我们知道时空是四维的，质量的存在肯定会导致空间的弯曲。怎么理解这个弯曲呢？就是所谓的直线会弯曲，什么是直线呢？我们的想法是两点之间距离最短的那条线叫直线，是吧？物理里面，光沿着最短的路径走，光可以看作真实世界中的直线，我们经过测量发现光在质量的影响下发生了弯曲，所以我们真实的世界是一个四维的时空，通过测量这个光的弯曲程度我们知道我们真的生活在一个弯曲的空间里。这个是黎曼几何的基本思想。

那么我们谈黎曼假设，刚才孙教授提到了，是关于数的问题，后面我们有一个非常庞大的朗兰兹纲领，对数学家来讲是非常深刻的。如果我们从一个比较一般的角度理解黎曼假设的重要性，为什么重要？图片上是数学王子高斯，他可以称为史上最聪明的数学家，我想大部分数学家对此都是没有异议的，都会觉得他是最聪明的。

黎曼假设是关于素数的一个猜想，为什么叫做假设呢？因为太重要了，一旦成立的话，对我们的数学有很大的推动作用，很多东西就解决了，所以人们情愿相信它是对的。我认为自然数在数学里面有特殊的地位，这是我个人的小小看法。因为我刚才讲了几何，我不是说几何不重要，几何是一个我们和其他的生物都能够分享的一种东西，用我们的视觉。我们从视觉产生几何的想法和概念。其他的生物也都有这种想法和视觉，有的视觉比我们还好。

我听到一种说法，说高级物种对数的概念很差，比如说一只猩猩，没有经过训练的话会数到 3，或者是 10，训练的话会多一点。人类从什么时候开始从1，2，3一直数下去，数到无穷，这是一个很有意思的问题，从原始人的时候开始数数不可能，应该是某一个时间产生飞跃了，我们突然意识到这个数可以一直数下去，我认为这个是对数的关联的飞跃，所以我认为数这个东西是我们人类思维里面独有的一个东西。

为了研究整数，我们有素数这个概念。就刚刚孙教授讲的，素数除了1和它本身外，不能被其他自然数整除，其他的数是素数的乘积，这是最基本的东西，也是最重要的东西。但是我们对素数的分布规律知道得非常少，它是非常神秘的一个对象。如果你能够搞清楚素数的秘密，你绝对会成为最顶尖的数学家。

高斯是有史记载的第一个对素数的分布规律提出猜想的人，他提出了一个素数定理：不超过 $x$ 的素数个数$\sim x/\ln x$，这个定理告诉我们什么？告诉我们素数分布规律大概是什么样子。告诉我们前 1000 个数里面有 168 个素数，大概占 1/6；然后前 10000 个数里面有 1229 个素数，大概占 1/8；前 100000 个数里面有 9592 个素数，大概占 1/10，素数在数里面的分布越来越稀疏。我们很早以前就知道素数是无限的，但是分布的稀疏程度我们如何控制，这就是高斯提出的素数定理，我们可以用 $x$ 来除掉 $\ln x$ 这个自然对数，我们中学都应该学过自然对数里面的对数，是吧？所以说这个比例就应该是 $\frac{1}{\ln x}$ 这样的比例，随着 $x$ 的不断增大，比例越来越低，这是一个很粗糙的，从黎曼假设角度来讲比较粗糙的，后面会讲到这件事。但它是第一个关于素数分布规律的猜想，高斯通过手写来计算，计算以后猜想是这样，很厉害，因为那个时候没有计算机。

什么是黎曼假设？刚才孙教授已经写下来了黎曼的方程这么一个东西，这个级数求和，这个一直加加加加下去，很难理解，这是一个神秘的函数，为什么神秘呢？你可以取值，会发现像取 $\pi$，到 2，4，

6 的时候和 π 有关，到 −2，−4，−6的时候等于 0，这是 zeta 函数的平凡零点，zeta 函数是一个函数，对这些数可以取值。黎曼假设告

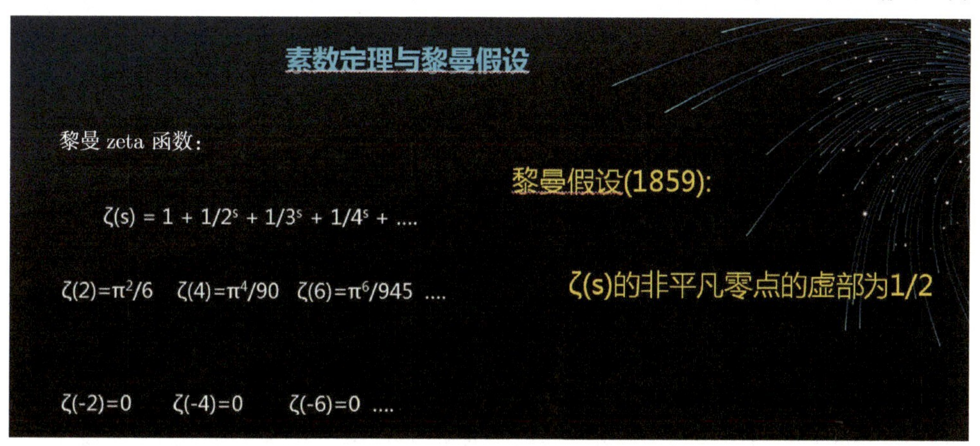


诉你们什么呢？告诉你 zeta 函数的非平凡零点的虚部为 1/2,这个用到负数的概念，这个 zeta 函数可以定义在整个负平面上。我们可以考虑这个负数的取值，这个零点是什么样子的？所谓的非平凡零点就是除了−2，−4，−6这些数字，这是一个很神秘的猜测，我也没有办法给大家解释为什么这个东西这么猜，它有很深刻的数学原因。

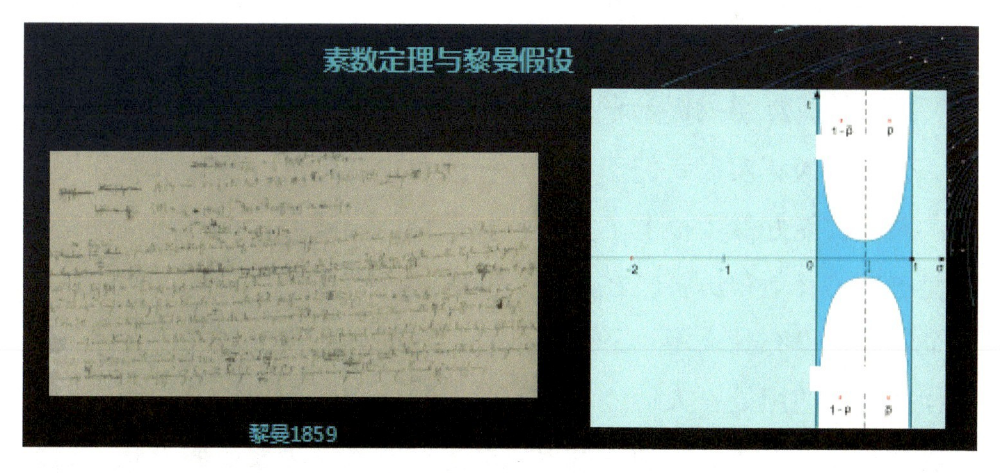


上图左边是黎曼1959年的手稿，可以看里面涂涂抹抹，写得非常乱，所以数学家的东西是得来不易的，那个时候是只能用纸和笔来计

算，今天我们有的时候需要计算机算一下。然后，在右边，那个红点，–2那个地方，是一个平凡的零点，后面还有 –4，这都是平凡的零点，不是我们考虑的东西。猜测其他的零点在那条虚线上，就是虚部为 1/2 这条线上。现在我们能做什么事情呢？就是说在白色的区域里面，零点大概在这样一个白色区域里面，这个图不是特别精确，所以你看这个白色的区域，到中间的这条虚线差得很远很远，我们对这件事的理解还非常原始、非常粗糙，距离真正理解这件事还很远。之前讲了一个素数定理，它和黎曼假设有什么关系呢？一旦你知道黎曼假设，就会知道比素数定理更精确的一个对素数分布规律的了解。素数定理等价于证明最右边这条虚部为1的线，就是整个图形右边那条边上没有零点，这个事情我们已经知道了。也可以看到证明那个边上没有零点和证明所有零点在虚线上的差别有多大，是不是？所以现在我们对一个弱得多的一个结论有这样一个证明，而且挪威数学家也给出了一个证明，即所谓的初等证明，还拿了菲尔兹奖，所以你看到了，如果你能给出这样一个证明，我想未来科学大奖肯定会是你的。如果你在 40 岁以下，那么菲尔兹奖也是你的，没有问题。还有千禧年大奖，也是100万美元，我觉得我们未来科学大奖更有优势，因为我们的税少一点。

黎曼几何其实对我们理解物理和现实很有帮助，而且最近和大数据、人工智能好像也扯上了关系。如果要问黎曼假设，这两个都是黎曼提出来的，他很厉害，在几何、在纯粹的数字上都有很深的理解。这个黎曼假设有什么用，是不是像物理学那样有重要的作用，对我们有什么实际的用处？人们经常问数学有什么实际作用。黎曼假设到底有没有实际的作用，像物理世界那么实际？我认为黎曼假设是人类智力的一个标杆，我觉得它是人类的智力能达到什么层次的一个标杆，这也是我们人类在芸芸众生中可以脱颖而出的这么一个最重要的指标。现在有大概一百六七十年这样一个历史，我们还完全不知道该怎么样解决它，我觉得现在完全没有它可能会被解决的这样一个迹象。所以在很长的时间里，我们要去思考这个难题。我觉得我们应该努力去想这样的问题，而不是紧紧围绕着这个100万美元奖金，就讲这些。

刘若川

2017 未来科学大奖颁奖典礼暨未来论坛年会・研讨会 6

2017 年 10 月 28 日

## |对话主持人|

**田　刚**　北京国际数学研究中心主任，中国科学院院士，美国艺术与科学院院士，未来科学大奖科学委员会委员

## |对话嘉宾|

**励建书**　香港科技大学讲座教授，中国科学院院士，未来科学大奖科学委员会委员

**刘若川**　北京国际数学研究中心副教授

**孙斌勇**　中国科学院数学与系统科学研究院研究员

**夏志宏**　南方科技大学讲座教授，美国西北大学 Pancoe 讲席教授，未来科学大奖科学委员会委员

**田　刚**：非常高兴来主持这个讨论，我叫田刚，现在是北京国际数学研究中心主任，也是未来科学大奖科学委员会的委员。首先我来介绍一下今天参加我们这次对话的嘉宾，我旁边这位是励建书教授，是香港科技大学讲座教授，中国科学院院士，未来科学大奖科学委员会委员。第二位是夏志宏教授，南方科技大学讲座教授、美国西北大学Pancoe讲席教授、未来科学大奖科学委员会委员。第三位是孙斌勇教授，中国科学院数学与系统科学研究院研究员。最后一位是刚刚结束演讲的刘若川副教授、北京国际数学研究中心研究员。

下面我们开始对话。

首先我想简单讲两句，关于今天对话的主题，实际上我也不是很清楚是什么。我想根据题目“数字魔法：黎曼猜想”来说吧。刚刚大家已经对黎曼猜想有一些概念，或多或少大家应该知道黎曼猜想很重要，其实刚才听演讲的时候，听主持人介绍，让我想起来在1991年的时候，当时纽约大学的研究所和哥伦比亚大学都邀请我去工作，给了我一个offer，当时比较难以做决定，是去哥伦比亚大学还是去 NYU（纽约大学），这两个都是很好的学校。有选择的时候，有的时候也是很难的。我就打电话给陈省身先生，陈省身先生是我老师的老师，他是数学大师。我问他，我该去这个地方还是说该去那个地方。陈先生说这两个地方都很好，他等于没有回答我的问题。他说其实最重要的是在哪儿能更好地做数学工作，比方说在25年以后（这是他随便提出的一个数字），别人还能记住你的数学工作。刚才大家听了很多，我觉得在座很多人可能还是不知道数学有没有用。

我觉得，我们做了很多的研究，现在很有用，过几年也很有用。但是，很多研究很有可能过200年，大家就记不住了。但是我可以保证如果说你解决了黎曼猜想，过200年，大家也一定会记住你。我就讲这两句，下面我们请各位嘉宾发表一下他们的高见。先请励建书教授。

**励建书：**事先没有准备，我也不知道阐述什么观点。田老师讲到了数学的有用和无用性，我觉得数学最重要的一点，恰恰不是为了有用而做这件事的，而是为了“我就想知道”，普林斯顿高等研究院是一个世界顶级的数学研究机构，他的奠基人 Abraham Flexner 给普林斯顿高等研究院的定位是“The pursuit of knowledge for its own sake”，就是追求知识本身就是我们的目标，而不是关心 GDP 增加多少了，是否解决工程问题了。这些都不是目标。

**夏志宏：**我接着说吧，励建书说我们做数学不是为了有用，但是数学确确实实是非常有用的学科。前一段时间英国做了一个调查，说数学对 GDP 的贡献应该是 30% 多。我不知道怎么算的，就是说对GDP的贡献，并不是说数学本身，而是包括了数学教育对数学和其他学科的影响，而且我看了那个数据是对 GDP 的实际贡献，所以从这个角度来讲，数学应该是很有用的，尤其是我们所有的学科都需要数学。但是从另外一个角度看，我们为什么要做数学？其实最重要的是兴趣。我不像他们都是科班出身，本科就是读数学的，我本科是读天文的，现在我还对天文感兴趣，有一些工作还和天文有关。我本科是南京大学天文系毕业的，为什么后来会做数学呢？因为读天文的过程中发现自己对数学越来越感兴趣，然后在去美国读博士的时候，就进了数学系。所以从整体来说，进入数学以后会发现数学非常漂亮，非常想知道一些，像刚刚励建书老师讲的知识，你希望得到这种知识，想追求这种知识，这个我觉得对所有学数学的人来讲都是很重要的，就是说首先你得有兴趣，有了兴趣以后，你才会想进一步地去做。

**孙斌勇**：夏老师做的数学可能比较有用，我、田老师和励老师，我们做的是纯粹数学，其实没有太关注是不是有用，我们更加关心的是理论本身的唯美，我想这应该是文化的一部分。

**刘若川**：刚才孙教授说我们都是做纯粹数学的，可能夏老师做的和应用相关一些。我认为之前讨论的时候，夏老师说得很好，说数学其实是一个整体，可能其中有的部分，跟人的生活发生最直接、最密切的关系，那部分是有用的。但是不能说其他的部分是没有用的，像人一样，平时吃饭的时候用手吃，我干脆不要腿了，不可能，我们是一个整体。你用手吃饭是代表你身体整个系统在工作，数学也是一样，得有一个整体的东西。

另外，我觉得不仅仅是数学，还有基础科学，它们很重要的一点，我认为它能够影响我们对世界的看法，因为我们有生活的各种需要，当我们生活的需要得到满足以后，人类和其他自然界的生物的区别就在于我们试图对世界有一个理解。我认为数学或者基础科学能够最终帮助我们获得这样一个理解，从这个意义上理解，我认为是非常重要的。

**田　刚**：谢谢，下面我们开始提问，第一个问题我想问在座的嘉宾，你们对现代数学基础教育有什么样的看法？哪一位自告奋勇？

**孙斌勇**：我认为中国的基础教育，特别是数学教育，总体来说是特别好的，比如说，我们有一些能力的测试，中国的学生总是表现得非常优秀。但是还有一个问题，我今年去了以色列，我们知道以色列是一个不大的国家，但科技实力非常强。我们知道他们的数学非常强，有很多的数学家，那他们的教育是怎么样的呢？我的一位学生，他去接触了一下以色列在读数学博士的那些学生，他们很多在中学阶段就已经学完了大学的数学，在大学的时候就把研究生的数学学了，所以他们很快就可以做研究了。所以中国在这个方面还是欠缺了一点。中国的平均水平很好，但是特别优秀的人才，与走在最前面的人比还是稍微落下了一点。

**田　刚**：实际上夏老师现在在南方科技大学任数学系主任，对数学教育很有兴趣。

**夏志宏**：有一段时间我们在美国招生，招了中国很多的数学学生，去了以后，一直有一个担心，他们去了以后会不会转去计算机系或者是转其他系。我就在想，为什么我们招的美国学生从来不会转，而我们招的中国学生经常会跳槽，跳到其他的学科。其实原因很简单，我们很多学数学的学生并不是真正对数学感兴趣，或者说只是某一个时候对数学感兴趣，以后对数学并不是那么感兴趣，只是想利用数学作为一个跳板，而美国学生如果选择读数学的话，就已经完全想好了要读数学，不让他读他也会读，从这个角度来看的话，还是兴趣。我们中国的教育培养技能非常不错，但是培养兴趣可能还是差一点儿。尤其是我们很多时候把小孩儿的兴趣给搞没了，本来小孩儿很感兴趣的，做了几天奥数以后，对数学再也没有兴趣了，所以我想这个应该是我们有待改善的地方。

**田　刚**：刚才两位老师讲得挺好，我认为刚才夏老师讲得很特别，很有感触，实际上，我也有这样的经验。我觉得我们有的时候有一些家长可能对孩子以后要做什么，学什么，要求会更多一些，所以有的小孩儿来学习的时候，学数学的时候，可能并不是因为兴趣来的。这个可能对他以后是不是真正留下来做数学，或者是说做科学，做物理和其他的科学也一样，会有很大的影响。有一些情形，以往我写推荐信，这个学生特别好，他说他很爱数学，怎么怎么样。20 年前我不大有经验，写了推荐信，推荐一个好的学校，结果那个学生到那儿就改行了，我认为人家会觉得我的推荐信是瞎写的。所以后来没有上过我课的学生我坚决不给他写推荐信，我要确定这个学生在数学方面有造诣，而且确实对数学有兴趣才会写。

刚才夏老师也提到了奥赛的事，现在社会上对奥赛有很多种说法，我经常被问这样的问题，奥赛到底好不好？实际上我们在座的有一位是参加过奥赛的，还拿过奥赛的世界金牌，而不是国内的金牌，就是刘若川教授，当时分数还很高，要不要谈谈对奥赛的看法？

**刘若川**：其实我此前已经在私下里包括其他的场合和很多人谈过了，很多人问过我，包括我的同学，我们中学的时候有一个数学特长班，一开始选拔的时候很多同学进去，因为小学的时候数学成绩比较好。然后，数学特长班数学训练可能多一些，但是最后大部分也不搞数学竞赛了，可能剩下几个同学搞一下数学竞赛。我的观点是，数学竞赛如果不从非常功利的角度来看，其实只适合少部分人。如果孩子本身有兴趣，而且做起来自得其乐，这件事就应该鼓励，但是因为现在奥赛这件事和升学等挂钩了，所以目的就不单纯了。很多的家长为了孩子能上一个好学校，可以说是不惜重金，也不惜花费很多的精力，把孩子往这个方向推，可能这种应试性的教育、题海战术在一定时间内有作用。当然很多家长其实也是为了升学，没有其他的想法，他说我孩子念书就是为了升学，不考虑其他的培养数学的能力。

我个人认为，这种社会现象没有办法一时半会儿就消失，它存在着这么一个社会现象，所以不能一竿子打死，就说我就不鼓励大家搞了，纯粹凭孩子的自身兴趣。因为现在社会有很多的现实原因在里面，所以怎么说呢？如果你的孩子真的有兴趣，有能力，自己又很高兴，当然就可以往这个方面创造条件；如果他自己没有什么兴趣，但是为了升学的需要，你也要去让他去做这件事，我只能说我也不知道怎么办，这个东西量力而行，适可而止。我不知道该怎么说这件事，我只能说对少部分孩子，奥赛这个东西，在一定程度上对他的将来发展是有帮助的，不光是数学，这里我再讲一分钟，给我们做数学的打一个广告，以前我在读书的时候有很多的同学，后来是在华尔街了。他说人们找工作的时候你不需要说你是学金融的，你只要说你是名牌大学数学或物理系毕业的，马上收你。如果说是MIT做数学的、做物理的招过来的，他会觉得你很聪明，基金就会得很多，这是半开玩笑了。数学对人的能力训练，中国有一句古话是“取法乎上，得乎其中；取法乎中，得乎其下”，如果你过早地进行一个职业教育，太早也不见得有好处。我觉得我们数学系学生毕业的，一般就业都非常好，将来的发展也是多种多样的、全面的，为什么？因为受过数学的训练，看问题的方式和理解问题的方式会有所不同。如果你一开始进行职业教育的话，有的时候视野会比较狭窄，思维方式也比较狭窄。如果很聪明的孩子，不知道学什么好，就来数学系。

**夏志宏**：我在南方科技大学每一次教学生就说，如果你没有想好学什么的话，就多学数学。数学和其他学科不一样，有一些学科并不一定要很早去学，晚一些学也没有关系。但是数学不一样，比如说在年轻的时候没有好好学的话，以后再去补是补不了的。我普通话有口音，因为很晚才开始讲普通话。其实数学是一样的，如果很晚才去学数学，你的数学会有“口音”，早一些学，这样的话会更扎实、更好一些。

**田　刚**：谢谢。我觉得我们现在，包括刚才孙斌勇教授和刘若川副教授讲的数学都是从西方引进的。在很长时间里，我们中国古代的数学也很好，但是后来对数学的研究，尤其是对系统的研究是非常缺乏的。像刚刚提到的黎曼猜想或者是高斯猜想这样的问题，都是很学术性的问题，这些问题在当时的中国人中是没有考虑过的问题，所以我觉得数学在东西方文化中一定起了不同的作用。在座的励建书教授对这个方面还是有所研究的，请你发表一下高见。

**励建书**：研究是没有的，但是讲到数学对西方文化的影响，我想从古希腊谈起可能是比较合适的。2000多年前的时候，公元前 300 年左右，是古希腊的数学舞台上群星灿烂的时候，他们在思考一些什么数学问题？他们研究的目的我觉得有两个，一个是为了美，一个是我想知道为什么，就是好奇心。有一首英文儿歌开头是“Twinkle twinkle litte star, how I wonder what you are ?”数学家的好奇心跟小孩子是一样的。大约公元前 300 年的时候欧几里得写下了他的《几何原本》，里面的内容不仅仅是几何，也包括初等数论等，这本书对西方文化影响非常大，最终的印刷量仅次于《圣经》。一直到 20 世纪初之前，在西方学习数学，包括了《几何原本》，是每一个有知识的人的一种基本训练，这不是为了说我工作上有什么需要，而是作为一个有文化的人，都必须要知道的事情。所以，拿破仑在战场上还带着《几何原本》，林肯总统的《几何原本》是放在他的那个马袋里面的，晚上停下来的时候，就看这个《几何原本》。听上去这么抽象的东西，却对文明和社会的影响非常大，正是因为有了这样一个理性的、科学的传统，有了这样一种文化传承，再加上一些别的因素，科学革命及建基于科学革命的工业革命才发生在西方。

相比之下，1607年明朝的时候，《几何原本》才开始被翻译到中国。我们古代不是没有伟大的数学家，也有非常了不起的数学家，但总体来说我们对数学的思考和研究缺乏一个系统性，没有深入人心，变成文化的一部分，这是我们在数学和基础科学上与西方的差异一个比较重要的原因。

刚刚我们讲了数学有没有用，如果这个“用”指的是思想和文化方面的当然没有疑义。但大多数人眼中的“用”指的是在工程和生活实践中的应用，在这个意义上，我们今天证明那个定理，可能是明天、明年，或者五年以后也并不一定有任何的用处，但是如果我们把眼光放长远一点，50年，100年，历史将会证明它们的用处非常大。

**田　刚**：谢谢。我这里也准备了一些其他的问题，像关于黎曼猜想的奇妙性，但几位老师的演讲中已经展现了很多的奇妙之处，所以我想现在把问问题的机会交给听众，大家有没有问题？

**观众提问**：各位老师，我也是来自北大的，我本科也是学数学的，对这个论坛特别感兴趣。现在中国得奥赛金牌的很多，大家也讨论了很多，但就是说在世界舞台上，现在崭露头角的不是很多。和俄罗斯那边做一个比较，有一些人做这个方面的分析，觉得高中到大学衔接的阶段，我们是不是有一些薄弱的环节。因为他们高中有选拔，然后上大学的头几年，都有一些非常强的国际知名的学者，就直接带这些学生了，所以他们很快进入了前沿。不知道中国在这个有好苗子怎么样培养的途径上，有什么样的想法或者说策略或者是措施之类的，给大家分享一下？

**孙斌勇**：我非常赞成你的观点，首先我们高中阶段的学生，他们的精力是有限的。现在很多的学生更多的精力花在刷题上，如果你想要成为科学家，这个东西对你以后的研究的用处没有那么大，你把这些精力放在其他的地方可能会更好，比方说你学一些比较深刻的理论，比如说你学相对论什么的。但是现实的问题是中国的大学与高中衔接不够，像美国有一些中学生可以到大学学习，我觉得我们这个方面做得不够，是不是需要大学加强这个方面的建设？

**田　刚**：在座很多都是大学老师，对这个深有感触。

**励建书**：关于这个问题，我这两年在上海交大对于教学的事情关心得比较多，也有一些想法，现在的教育有一点大家都看到了，就是应试教育，是为了考试，那显然不是一个为了培养数学家和科学家的好方式。还有一个我觉得是非常本质的一点，比如说我们这张考卷里面，我们都是告诉同学什么是正确的答案，什么是错误的答案，所以基本上是做一个选择。那么我觉得这个对培养我们独立思考、真正深层次的思考问题的能力和习惯的培养，不是一个很好的事情，使人缺乏所谓的创造性和原创性。我觉得首先真理是不怕讨论的，怕讨论的不是真理。如果我们回答一个历史问题的时候，两个学生可以对一个历史事件做出完全不同的答案，是相反的，但是也不存在一定一个是对的，一个是错的。老师打分的时候，主要是看你的分析有没有思想的深度和高度，这是一个方面，所以这是教育理念上的一个根本差异。是我们老师或者是权威告诉你什么是对的，什么是错的，还是激发你自己去思考，这个不是抽象的问题，这是非常具体的，是我在现实教育工作中看到的一个问题。另外比如说我们大学里面的学生，一个本科生要毕业时所需要的学分量，在上海交大的话，原来是 170 个学分，在美国所有的大学基本上是不超过 120 个学分。这里面不存在说数字大好还是数字小好，这反映了一个根本教育理念上的差异，170 个学分的意思是想要把我大量的甚至海量的知识灌输给你，教给你；而 120 个学分的想法是你需要学到一些基本的课程、基本的知识，但是，要有更多的空间和自由度去思考一些问题，对某一些学科，对某一个学问你可以做一些更加深入的事情，花更多的时间去思考。所以我觉得这些差异是我们东西方一个很不一样的事情，在这一点上我比较赞同我们给学生一个自由思考的空间。

**刘若川**：我再补充两句，刚才孙教授说我们学生刷题太多，我觉得这是社会现象，大家有目共睹，刷题这种东西，做题是一定的，需要一定的做题来掌握知识，巩固知识，这个没有问题，但是刷题太多了，它的边际效应在递减，容易使人的思维固化，反过来我们问一下，如果学生不刷题，能干什么呢，是吧？在我们现在的教育体制下，比如说我有一个很聪明的学生，他不刷题，他觉得这个东西很简单，这个做的都是重复训练对他没有用，他想干一些事情，他能干什么，他怎么干呢？刚刚孙教授说了可以看一些这个那个的，但是这个是以自学为主，我们不能永远让学生处于这样一种状态。刚才这位先生说的，其实谈到的问题是所谓的数学精英教育的问题，数学教育有很多的层次，我觉得我们过去的数学教育，从为了满足经济发展的目标来讲，还是挺成功的，培养了大量合格的能够正确使用数学的一些人，这个是很重要的。以前我们在留学的时候，一开始 80 年代出去的人，像田老师和夏老师这些人，他们数学做得很好，到 90 年代的时候，突然发现断层了，我这里说断层了，可能有一点稍微得罪人，但我觉得确实断层了，2000 年以后，又重新起来了。中间有一个断层，为什么？因为 80 年代出去的那一代人一开始受的是理想主义的教育、纯粹知识的教育，到了 90 年代正好是商品社会刚刚开始的阶段，人们的观念正在转换中，而且加上国内外的生活水平差距这么大，导致了一些冲击，很多人去做其他的事情了。后来我们的数学学者因为我们经济水平上来了，可以做一些自己的事情，不用脑子里光想着赚钱的事情了，这是题外话了。

就我了解到的，你刚刚说的俄罗斯的得奖的人，我知道俄罗斯有一个非常强大的数学家群体，圈子非常大，非常强，形成了传统，使得有志于数学的小孩儿，可以在很早的阶段就做一些有创造力的事情。

我记得有一个笑话，以前有个俄罗斯的数学家拿了菲尔兹奖，他父母也是数学家，有一天他们跟他的老师说，他们很担心这个孩子，他都 22 岁了还没有写出一篇论文来。俄罗斯数学家写论文的时间是 20 出头，而且写得很好，当然并不一定说都按照这种模式来，我的意思是当我的学生如果需要有进一步的营养的话，现在我们这个方面的厚度还不够。我们这么大一个国家，我们数学家的群体可能很大，但是平均质量可能我还要说一句得罪人的话，可能还需要再发展。而且我们向下的意识做得也不够。可能和中学之间的互动其实都是我们需要做的事情，我们希望像踢足球一样，因为我们国家踢球的人太少，现在也是一样。如果孩子们想有进一步的提高，有这种意愿，到哪里寻求这种资源，这件事可能是我们需要做的，一旦我们把这件事做好，慢慢地累积，以后一定会有一个更好的发展。而且现在，事实上，我们年轻人，在我这个年龄段，包括以许教授为代表的一批年轻数学家，这个水平其实还不错，和以前比还是一直在提高。当然我们希望把我们的系统建立得更好一点，这个也是我们国家学术方面建设的系统。如果做得更好一些，我们将来会有更好的发展。

**夏志宏**：我们中小学的应试教育，不太有办法，其他国家的小孩在中学的时候可以读大学的东西，我们彻底改的话很难，所以他们首先要过一个高考，然后这个时候你让他去大学读书或者是说读大学教育的课程的话，是有一定的困难的。但是另外一个问题是，我们进大学以后，就立即要有一个专业，就是已经选好了你读数学、物理，还是化学。其实一个更好的办法是让他们进大学的时候不要问专业，南方科技大学就是进学校一两年内所有的人不要分专业，我发现不分专业有很多的好处，其中一个好处是什么呢？他们在两年之内选择专业的时候，受父母的影响就很小了。在中学报高考志愿的时候，基本上是父母让他们报哪一个学校，报什么学科，如果说他们进了大学以后再报，这样将更能反映他们的兴趣，比直接受父母的干涉要好得多。我觉得这是一个很好的办法。

**田　刚**：由于时间关系，我只讲一句，实际上现在我们的大学还是注意到了这样的问题，像刚刚提问者说的，实际上，从中学到大学教育阶段我们还是有很多希望改进的地方，现在教育部有一个拔尖人才计划，在北大的话，我们搞一个拔尖班，希望对一部分对数学感兴趣而且进到了大学阶段、数学造诣仍然很好的学生，继续培养他们的数学兴趣，加强他们对数学知识的了解和理解，这样的话可能以后就可以持续做数学研究了。谢谢。

**观众提问**：我是来自北京四中的学生，我自认为我很热爱数学，至少我很热爱初等数学，但是因为人比较笨，可能常常连一点特别简单的数学竞赛题都做不出来，我想问问五位教授，你们从事数学研究的时候，有遇到过什么很重大的困难吗？或者是说当时甚至认为是不可逾越的坎儿，感觉很迷茫，是以什么样的心态解决这些困难的？

**田　刚**：夏志宏教授是天文系毕业的，你做数学是不是有迷茫的时候？

**夏志宏**：做数学永远有迷茫的时候。应该这么想，当你想做 10 个问题甚至 100 个问题的时候，可能只有一两个做得出来，大部分的时间处于一个非常迷茫的状态，但是不应该因为迷茫就影响到你对数学的兴趣。因为你最终并不是说你看到一个问题，或者是说学到一个东西都可以学得很通，而且每个问题都可以解决，这个是不太可能的，所以首先要把这个态度端正一下，无论你做什么，都不会是一帆风顺的。我就讲这一点。

**观众提问**：非常感谢给我提问的机会，有一点激动，我是来自中国农业大学的博士研究生，学机电电子工程专业，现在研究的是机器学习在农产品加工干燥上的应用。有一个问题困扰了我好多年，从我上研究生开始,我们工科学生经常被教育说一定要有扎实的数学功底,我比较困惑的是到底什么是扎实的数学功底，我们工科学生怎么样学习或者是锻炼我们自己的数学功底？谢谢。

**励建书**：我们现在讲“新工科”，其中一个含义是数学是基础的科学，需要学比较多的东西。刚才我听到了你学大数据、人工智能这些东西，其实我们这次未来科学大奖，委员会里面有两位是真正的专家，李凯和李飞飞，所以我在这里是不敢回答你这个方面的问题的。我只举一个例子，在计算机的图像认知或者是视频认知过程中，我知道一个年轻人做出来一些比较好的东西，我问他，我说你一个小孩子，你有多少的计算机功底能够做这些事情？他回答我说我最有力的工具是对线性代数的深刻理解，也就是说，我们学习线性代数会有两个不同的层次，一个是我们工科学生会计算矩阵，按照一套方式、这样一个算法去算；另外一个层次的理解是说用做数学人的角度，线性变换、线性空间，等等的。对这些东西你要把它当成一个非常驾轻就熟的东西，学得非常透彻。容易到什么程度呢？就是说你在实践中，自然而然就用上了，像你做矩阵计算一样容易的。这对我刚才讲的这个例子里面，对于图像和视频的识别是能够起到这样的作用的，这是一个例子。我不能讲出一般的理论来，只能举一个例子给你。

**田　刚**：谢谢。我们的时间已到，刚才我们各位嘉宾已经对数学教育、东西方文化、数学在东西方文化中的作用，以及奥赛等问题都做了很好的解答，表达了他们自己的看法和想法。我们今天的讨论到此结束，谢谢大家。

田刚、励建书、刘若川、孙斌勇、夏志宏

2017未来科学大奖颁奖典礼暨未来论坛年会·研讨会6

2017年10月28日

# 第三篇

## 认知的极限

伽利略曾说过，“数学是上帝用来书写宇宙的文字”。对于人类来讲，我们的认知非常有限，超出我们认知以外的东西我们怎么认识它们，其实这是非常难的过程。

## 夏志宏

南方科技大学讲座教授
美国西北大学Pancoe讲席教授
未来科学大奖科学委员会委员

美国西北大学终身 Pancoe 讲席教授，北京大学第一批“长江学者”特聘教授、博士生导师，2015 年受聘为南方科技大学数学系主任、讲座教授。研究方向：动力系统、天体力学。1962 年 9 月出生于江苏东台，1978~1982 年在南京大学天文系学习，1988 年毕业于美国西北大学数学系，26 岁在博士论文中解决了早在 1897 年提出但悬而未决的 Paul Painleve 猜想，1989 年获斯隆研究者奖，1993 年荣获美国总统青年研究者奖、布拉门塞尔纯数学奖，1995 年成为马里兰大学应用数学 Monroe Martin 奖得主。

# 认知的极限和不可能的挑战

很高兴今天有这个机会，也很高兴看到有这么多人对数学感兴趣，听数学报告的人一般都很少，（因为）大家总觉得数学是非常抽象、比较艰涩的一个学科，但现在我们知道数学是现代科学的基础，大家都已经有共识了，现代数学的发展带动了现代科学的发展。今天我来讲的不是数学如何有用，而是讲几个数学的故事，希望大家得到一些启发。我希望通过数学这个比较简单、严谨的模型来对科学哲学以及对其他的学科有一些启发。另外，我也希望能提出一些比较带有争议性的问题。这些问题我考虑过，但我自己没有答案，我希望能引起一些讨论。我今天讲的东西没有多少艰深的数学理论，只讲几个简单的故事，也就是数学发展过程中遇到的很有意思的问题。

第一个问题中学生可能都知道，是一个经典的问题，如何用直尺跟圆规作图？用圆规跟直尺作图从古希腊就开始了，2000多年前，它的规则非常简单，通过两点可以连一条线，然后另外一个规则是两个点之间可以作一个圆，就是图上看到的，其他的规则都很简单。总共五条最基本的，包括：两点可以作线，两点可以作圆，两个线交在一起时有一点，两个圆交在一起有一点，两个直线和圆交接在一起可以找它们交接的点，就这五个非常简单的规则。你可以试图作一些几何图形。比如说两等分一个角，这谁都会作，用圆规和直尺可以把一个角度两等分。当然也可以四等分一个角，是两等分以上再作，当然可以作非常复杂的图。你可以看到，我们三等分一个线段，这个图上可以看到如何三等分一个线段，但这个就比较复杂了，看到的图就是经典的作图方法，把一个线段分成三份。还有一个经典的问题是如何作一个正五边形？严格地按照我刚才说的五个规则去作正五边形，这个就可以做到。

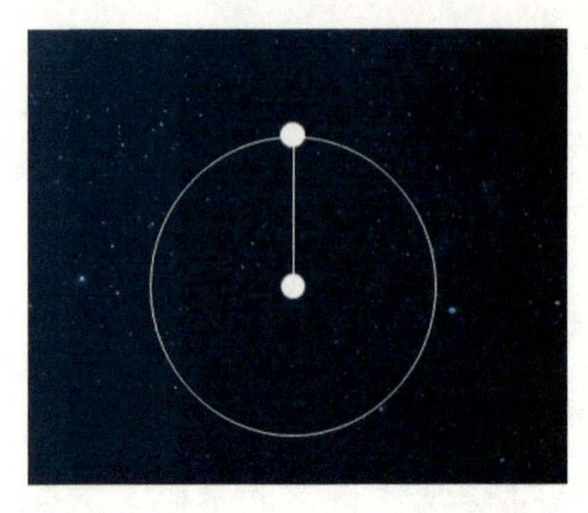

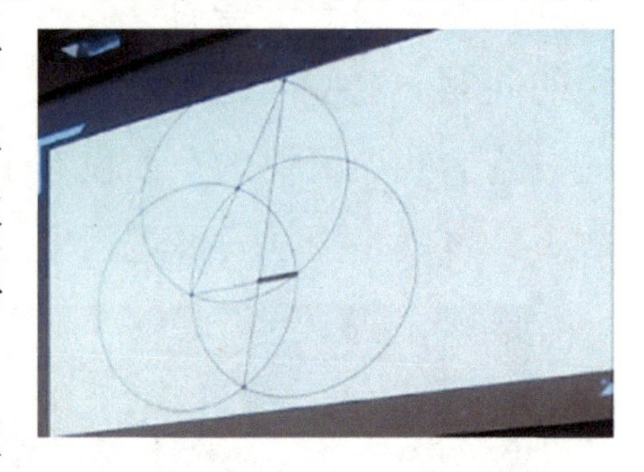

但有一个比较有意思的问题是,从古希腊开始就提出来一个问题，如何三等分一个角？总共三个非常有名的有意思的问题：如何三等分角？如何画一个正方形使它的面积跟已知的圆的面积一样？（如何将立方体体积加倍？）但最著名的问题是如何三等分一个角。

这是一个非常古老的问题，几千年来人们一直试图解决，但最后我们发现，这个问题是一个不可能的挑战。

在 1837 年，一个法国数学家已证明，用尺规无论你怎么做，都做不了这件事，无论怎么办，都没有办法用圆规跟直尺三等分一个角，这是我今天讲的第一个例子。这个例子给我一个什么样的启发呢？假如说我们的规则是非常有限的，我刚才说的有圆规跟直尺这个规则非常简单只有五条规则，非常有限，它能够做的事就非常有限，比方说它不可以做这么一件事，它不可以三等分一个角。今天我讲的主题跟这个是一样的，我想说明一个什么事？假如规则是有限的，那么有很多事我们做不了，这不仅是在数学，包括其他的学科都是一样的。

现在我再举几个例子，为什么从数学开始谈呢？数学的规则非常简单、非常严谨，我们给非常简单的规则，看在这种简单的规则里可以做什么？再举一个例子：大家可能都学过解方程，而且所有的中学生都会解这个方程，这是一个一元二次方程，

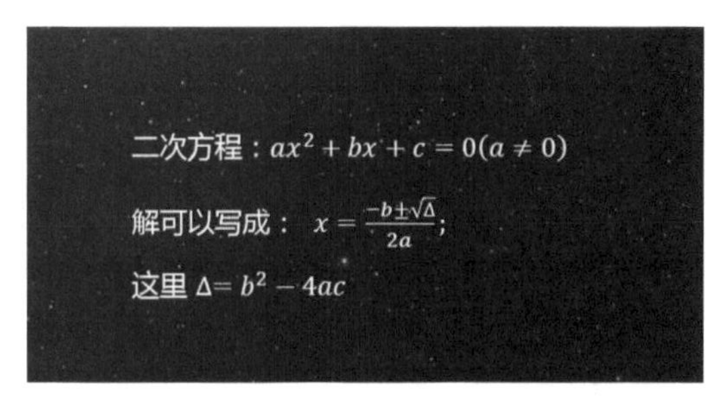


所有人都会解，这是它的解，这谁都知道。在几百年前的欧洲，一帮科学家比赛谁能解方程，大家经常找到一个解方程的方式后不去发表，而是自己偷偷摸摸地找一个方式在比赛的时候可以用，跟现在不一样，谁有一个方式可以立即发表文章。让我们看看怎样解高阶方程，这是三次方程，作一个变量替换很简单，变成标准形式的三次方程，这个是可以解的，但是知道怎么解的人很少，这个是它的解，右边是

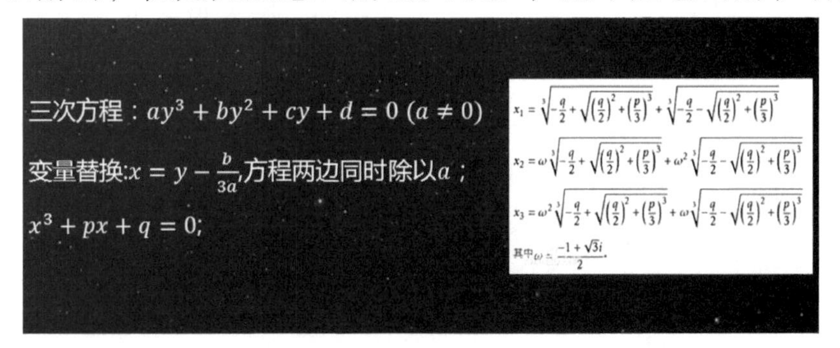

三个根的表达形式。三次方程可以解，大家开始解四次方程，花了很多年，人们才摸索到怎么找到这些方程的解。四次方程也可以解，四次方程的解是这样的，四次方程应该有几个根呢？四次方程应该有四个根，这就是四个根的表现形式，你们大家可能看不清，谁也记不住，

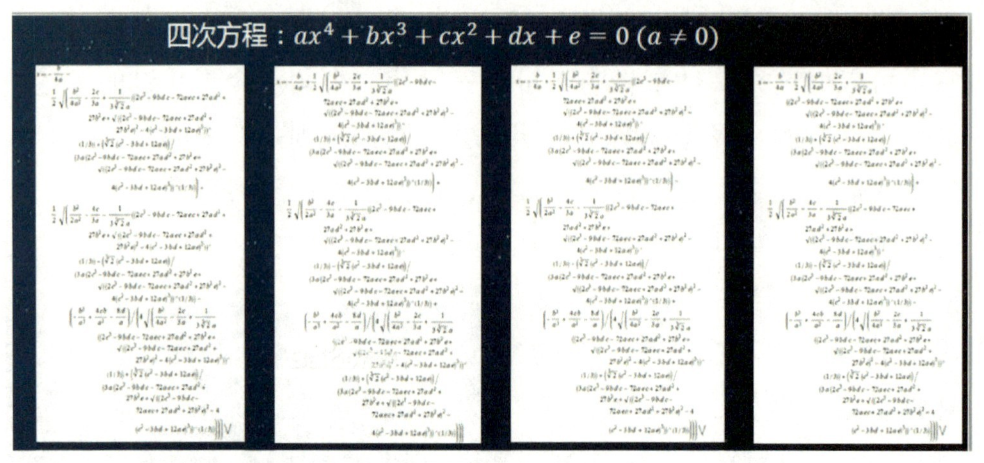


（但）大家知道四次方程是可解的，扔给你一个四次的方程，至少它是可以解出来的。所以在欧洲，大家比赛的时候有人就可以写五次方程，就试图解五次方程，这是一个五次方程，它的解是什么？跟我刚才讲的，这个问题也是花了很多年的时间，试图去找这个方程的解，结果发现这个方程不是无解啊！任何一个五次方程都有解，但它的解不可以用公式的形式表达出来，也就是说，我刚写的四次方程那么复杂的公式，但是到了五次方程以后，是写不出来的，这是一个不可能的挑战。

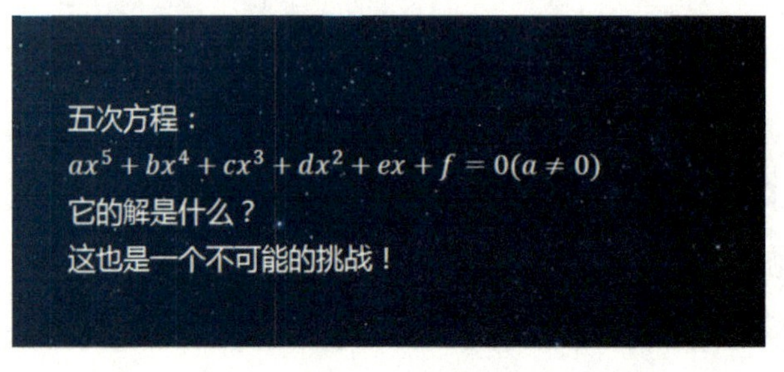


我先讲一下这个例子跟刚才的例子有什么关系，把一个方程的解写出来，（可）我们写的方法是有限的，只有有限的方法去表达我们对一个方程的解。而这个有限的方式，至多是加、减、乘、除、开根、

平方、立方，我们只有这几种方式，三次方、四次方、五次方、开三次方、开四次方、开五次方。尽管我们有不少的工具，但我们的工具还是不够的，它是没有办法解出来的。谁证明的呢？是这两个非常伟大的数学家，他们都非常不幸，第一个数学家是阿贝尔（Abel），我们现在知道数学上没有诺贝尔奖，但是有一个数学大奖，奖金跟诺贝尔奖是一样的，叫阿贝尔奖，就是为了纪念阿贝尔。他是 1802 年出生，1829 年去世的，才 28 岁。他一生非常贫困，一直找不到工作。当柏林大学送聘书给他的时候他刚刚得了肺结核去世了。阿贝尔是挪威数学家，在 1902 年的时候，挪威希望设一个奖，因为他们听说诺贝尔奖没有数学奖，现在未来科学大奖有数学奖，我们非常高兴。但是当初诺贝尔奖没有数学奖，挪威就决定设一个阿贝尔奖。但是挪威的国王（奥斯卡二世）想做这件事的时候，挪威跟瑞典是同一个国家，那时候在闹分裂，在闹事。1905 年，挪威跟瑞典解体，国王只是变成了瑞典的国王而不再是挪威的国王。那个国王很有意思，是历史上对数学最感兴趣的国王了，他做了很多事。其中一个事，我们数学最好的几个杂志之一 *Acta Mathematica* 是当初的那个国王设立的。不过，阿

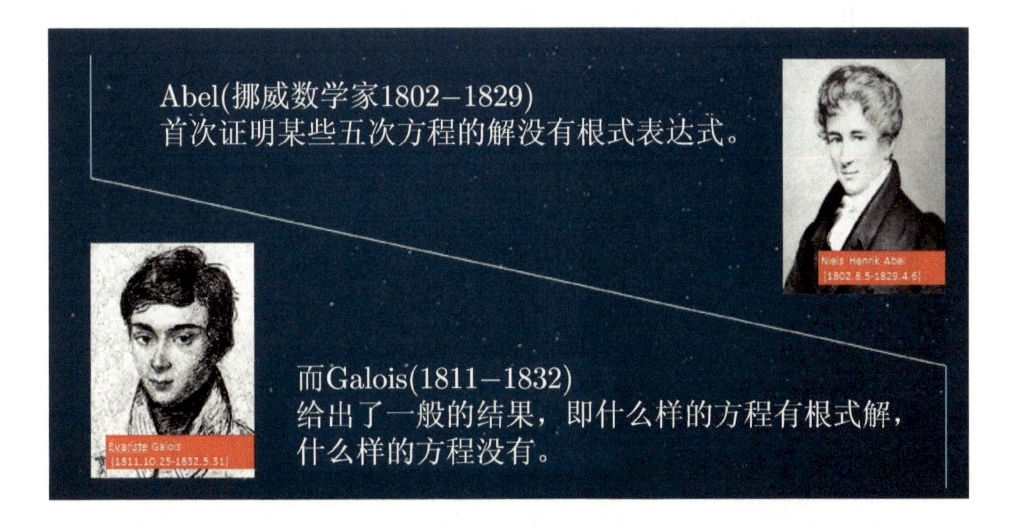

贝尔奖直到 2003 年才终于有了。阿贝尔证明了有一些方程的解结构太复杂了，根式太复杂了，没有办法用根式求解。

下面一个是法国数学家伽罗瓦（Galois），人家都称他是历史上最聪明的数学家，也是最愚蠢的数学家。他是 1811 年生的，1832 年去世的，去世的时候只有二十几岁。他是跟人决斗去世的，在决斗的前一天晚上，他预料自己肯定会死掉，因为他的对手的枪法非常准，所以他预料对手肯定会把他打死。结果伽罗瓦在决斗的前一个晚上，把他的数学，尤其是关于根式的解的内容，写了出来。我们现在看到的他的很多的东西就是他决斗的前一天晚上写出来的，他是第一个提出数学中“群”的概念的。他第二天决斗，（被）一枪打在肚子上。他（决斗前）其实给他弟弟写了一封信，说我第二天要决斗了，他弟弟收信晚了，等弟弟赶回去的时候，他已经受伤倒在地上了，把他送到医院以后不久就去世了。他弟弟很伤心，去世前他跟他弟弟说你不要伤心，我才二十多岁，你想我现在就去世我需要多大的勇气。所以大家觉得他是最聪明也是最愚蠢的数学家。

对于五次方程，还有很多的地方，还有人试图找一般的解的形式，但是我们知道它根式的解是不存在的，找不到一个公式。回到刚才讲的主题，因为我们的表现形式有限，所以有些问题是无解的，并不是所有的问题都有解。我们再看下面的问题，我本人是天文系毕业的，我做天体力学，天体力学中有一个很重要的问题是三体问题。有一本小说《三体》，大家对此很感兴趣。三体问题是一个什么问题呢？比如这是太阳、地球、月球，三个质点的运动，描述这三个质点的运动的问题就叫三体问题。也许大家也知道三体问题是推动现代科学发展的最重要的问题

之一。现代科学是从牛顿开始。牛顿发现了万有引力定律以后，整个解决行星运动的问题就变成了解一组常微分方程。牛顿怎么发现万有引力定律的呢？据说是他某一天在苹果树下睡午觉，一颗苹果掉在了他的头上，砸了他一下，由此他发现了万有引力定律，但这个故事据说是牛顿的侄女传下来的。据说是有这么一棵苹果树，去年南京大学从英国搞了一个苹果种子，现在种在南京大学，大家如果想看到砸在牛顿头上的苹果树的后代的话，不妨到我的母校南京大学去看看。关于三体问题，古典的解决三体问题的方法是什么？是找首次积分。哪些是首次积分？比如说能量守恒定律、动量守恒定律、角动量守恒定律，这都是一些物理定律，每个物理定律给人一个首次积分。解决一个古典的力学问题，以前意味着只要找首次积分就行了。所以大家花很长时间，从牛顿开始试图解决三体问题。那个年代大家就在想能不能找到首次积分，还差两个，结果这又是一个不可能。我们通常说的三体问题不可解的意思就是我们找不到首次积分，这是谁证明的？一个是 Bruns 在 1887 年证明的,他说我们用任何代数的形式是找不到首次积分的。在 1889 年，庞加莱是一个非常有名的数学家，大家知道庞加莱猜想，证明了没有任何其他形式的首次积分。代数表达的方式太有限了，所以不存在解。其实解析函数也不存在解，这就是经典意义下的所谓的三体问题不可解。这里面有很有意思的故事，我经常关于三体问题（做）公众演讲，里面有非常有趣的故事。

这个例子告诉大家我们花几百年的时间试图解决的这个问题，到最后我们站在稍微高一个层次看这个问题时，发现这个问题是无解的。这也告诉我们，做科学的时候要站得高一点点，跳出习惯性的思维，不是找这个问题的解，而是看这个问题是不是有解。有很多的问题，人类花费了几百年的时间甚至是上千年的时间，最后发现是无用功。

下面的（内容）数学的含量比较高，所以我讲慢一些，但是我会用非常通俗的语言来解释我所要说的非常艰深的数学问题，让大家听懂。数学里面从有限的数 1, 2, 3, 4, 5, 6，可是一到无穷大以后就涌出了很多的问题。无穷大跟有限数是完全不一样的，我现在举一个例子解释无穷大为什么跟有限数不一样。这里有一个旅馆，旅馆是谁开的呢？是希尔伯特开的旅馆。这个旅馆是个什么样的旅馆呢？这个旅馆有无穷多的房间，每个房间前面有一个人，但是一排有无穷多个房间，每个房间都住满了。突然希尔伯特开的旅馆又来了一个客人，他说我想住进去。正常情况下假如我开的旅馆有 100 套房间，每一套房间有一个人的话，再来一个人我就说，对不起今天客满您没法儿住。但这个旅馆有无穷多的房间，又来了一个人，老板说没问题，你再来几个人都没问题。怎么办？让刚来的这个人先住第一个房间去，让第一个人住到第二个房间去，让第二个人住到第三个房间去……每个人都有房间住，而且每个人都是单独有一个房间。假如说房间有无穷多，加一个人没有问题，再加一个人还是没有问题，所以“无穷大”跟“有限”有非常本质的区别。无穷大 +1 跟原来一样大，这样多来一个人、多来两个人往上加就是了，这是一个非常重要的性质。

自然数集合 1, 2, 3, 4, 5, 6, …是最小的无穷大，任何一个无穷大都可以开始数。从第 1 个，第 2 个，第 3 个然后我再加上 0，无穷多个房间来了一个 0 号的客人，0 号的客人住到 1 号去，1 号住到 2 号去，2 号住到 3 号去。这是一个比较，这个集合再加一个数字跟原来的集合是一样大的。

自然数集合 1，2，3，4，... 是最小的无穷大；
集合 0，1，2，3，4，... 并不更大；

1 2 3 4 5 …
↓ ↓ ↓ ↓ ↓ …
0 1 2 3 4 …

其实,有理数集合和自然数集合一样大！
但实数集合比自然数集合要大！

一个无穷大的集合再加一个进去，跟原来的大小是一样的，房间还是可以住，都没有问题。我有两倍的无穷大怎么办？我有1, 2, 3, 4, 5, 6, …，这是一个无穷大，可是我把所有的整数都放进去也没有问题，我让 0 住到 1 的房间去，1 住到 2 的房间去，−1 住到 3 的房间，2 住到 4 的房间，−2 住到 5 的房间，因为我有无穷多的房间，所以没有问题。无穷大 +1 还是无穷大，无穷大 ×2 还是无穷大，并没有增加这个数字，它的数字的总量没有变化，这是无穷大的特殊性质。而且我们知道，有理数的集合，就是所有的分数，两个整数相除是一个分数，这个分数应该比整数要多得多，有理数在整个数轴到处都是，但可以证明一个事，数学家可以证明有理数集还是跟自然数集一样大。我可以把有理数全部放在希尔伯特的旅馆里，也就是说有理数并没有多，跟我的自然数一样多，大家想一想是不是所有的无穷大都一样大？但是，实数的集合比自然数的集合要大，这是康托尔证明的一个定理。我说了这么多数字的无穷大，但一个实数的集合，0 到 1 之间所有的数加在一起，这不再是跟有理数一样大了，这时候跟实数一样大，证明的方法用了逻辑上非常有名的例子，用到数学上，就是康托尔发明的方法，叫康托尔对角线方法，借用了理发师悖论。这是集合论里面非常重要的例子，理发师悖论是说一个理发师声称他给所有的不给自己理发的人理发，这个问题的矛盾在哪里？假如他自己给自己理发的话，就不应该给自己理发；他不给自己理发，就应该给自己理发。这就造成了一个很著名的悖论。康托尔证明方法是基于这个矛盾得出来的，很多的定理都是根据这个悖论得出来的。康托尔是一个伟大的数学家，可是他做的东西开始时非常不被人家接受，我刚刚提到了庞加莱是一个伟大的数学家，在很多地方把他死骂一顿，说他破坏了整个数学。因为他一直没有被接受，得了抑郁症，晚年一直患有抑郁症，所以是不幸的数学家。

现在问题来了，我刚才说了，自然数是一个无穷大，实数是一个无穷大，我们可以接受。那么有一个简单的问题，有没有一个集合比自然数大一些，比实数小一些，这很简单，大家可能想有理数，但有理数很不幸跟自然数是一样大的。有没有一个集合比刚才数数的1，2，3，4，5，6，…，数出来的数的集合要大一些，但比整个实数要小一些？这是一个非常重要的数学问题。希尔伯特在 1900 年给了 23 个著名的数学问题，这 23 个著名的数学问题推动了很多的数学学科的发展，整个 100 年的很大部分数学发展是跟希尔伯特的23个数学问题有关。第一个问题是什么？就是我刚才问的问题，也就是说有没有一个集合比自然数大，但是比实数小。希尔伯特的猜测是没有，这个猜测就叫连续统假设。我说了这是一个非常易懂的问题，因为自然数比实数小，所以我就问有没有介于自然数和实数之间的集合。这个听起来比较抽象，可是问题其实很简单，这个问题是很有意思的，它的结论是什么。这是 1900 年提出的问题，第一个结果是哥德尔证明的，即连续统假设，刚才的问题，不可以被证伪，大家觉得很怪，我刚才提出的连续统假设，他（哥德尔）说我们肯定没法儿证明它是错的。Cohen在1963年证明这个问题没有办法证明它是对的。有这么一个数学问题，而且很简单的数学问题，这个数学问题说的是什么？有两个非常伟大的数学家，一个非常伟大的数学家说这个问题没有办法证明它是错的，过了几年另外又有一个数学家说这个问题没法儿证明它是对的，大家觉得莫名其妙。我给大家举一个非常简单的例子，把它简化到大家看得懂的问题，简化到这种程度大家就全都理解他们两个人想做什么事。

数学是基于公理的，如果我们搞一个新的数学出来，这儿有两个公理：今天来听报告的女孩都很漂亮，这是第一公理；第二公理，小陈今天来听报告了。我们可以简单地推论：小陈很漂亮。这就是数学的定理，定理就是在公理里面可以推出来的结论。那么第一公理加第二个公理得到“小陈很漂亮”，这个是数学可以证明的定理，在公理：1. 今天来听报告的女孩都很漂亮；2. 小陈今天来听报告了。
定理：小陈很漂亮。
猜测：现在在家看电视的小李很漂亮。
不可证明，也不可证伪！
Gödel 证明了小李漂亮和公理无矛盾，Cohen证明了公理不能推断小李漂亮，为此Cohen得了Fields Medal!
结论：你说小李漂亮就漂亮，你说小李不漂亮就不漂亮。

我们的数学框架里面可以证明。但是猜测就不一样，我们猜测“小李也很漂亮”，可是小李今天没有过来，但这是一个猜测，数学没有证明的结论叫猜测。可是通过这个数学体系你能证明“小李漂亮”吗？这个跟两个公理没有关系。我刚才讲的两个定理，哥德尔证明了“小李漂亮”与公理没有矛盾，也就是说，哥德尔证明了我们的猜测没法儿证伪。假如说“小李漂亮”的话跟原来的公理系统没有矛盾，这个“小李漂亮”的命题是不可被证伪。另外 Cohen 证明了什么？Cohen 证明了我们的公理没法儿推出来“小李漂亮”。刚才的数学问题简化了以后，就变成了这么一个问题。就是说，因为这个 Cohen 证明了不能推断“小李漂亮”，所以他得了数学的最高奖菲尔兹奖。结论是“你说小李漂亮就漂亮，你说小李不漂亮就不漂亮”，跟整个的体系没有关系。我们刚才所说的连续统假设“你说它是对的，它就是对的，你说它是错的它就是错的”。这个问题比较大，可能很多人想不通，为什么会有一个结论，我说它对的它就是对的，你说它是错的它就是错的，那究竟是对的还是错的？这个问题的本身是无解的，连续统假设这个命题，就是“你说它是对的它就是对的，你说它是错的它就是错的”，大家觉得非常怪，其实在公理体系里，这种现象经常发生。

哥德尔这个人很有意思，他之前证明了一个定理告诉你任何一个公理体系都是不完备的，也就是说，在数学的框架里，从开始有一个框架，无论搭一个什么样的框架，都不可能是完备的，也就是说你怎么搭这个框架，这里面总有一个猜测不能被证明，也不能被证伪，也就是说至少有一个，但一个就意味着很多，这个结论也是没有办法去做的。非常遗憾的是希尔伯特曾经花很长时间试图找到一个完备的数学系统，而且欧洲那个时候非常流行的事，是一帮科学家、一帮哲学家、一帮数学家试图找到一个体系可以管理整个社会，找到一套体系相当于现在的法律体系，一个完备的体系，让整个社会按照这个完备的法律体系运行，但这种实践很快发现是不对的，尤其是哥德尔的证明使这套思路变得非常遗憾。但这说明了什么事呢？说明了只要你有公理体系，一条一条列出来都是非常有限的，也像几何作图和代数方程的解一样，只要能一条条列出来，这个系统就不可能是完备的系统，所以总有一些问题解决不了，总有一些陈述说不了。

哥德尔这个人也是一个悲剧性的人物，因为他比较同情犹太人（他是奥地利人），德国侵占了奥地利以后他就跑到美国来了，1940 年他在普林斯顿高等研究院工作，爱因斯坦是 1933 年到的普林斯顿，他跟爱因斯坦是非常好的朋友，他们一起在普林斯顿散步。可是后来他得了精神上的病，老在怀疑有人要毒死他，所以他只吃他太太做的饭，他太太住院了以后，他拒绝吃任何的东西。他去世是饿死的，去世的时候体重只有30公斤，是纯粹饿死的。很多搞哲学的人都会有这些（精神上）问题，哥德尔是其中之一。

刚才我讲的是数学，下面我把数学稍微扩充一点，开始讲计算机。我们得到了一个结论，任何一个体制、体系，只要你给出的公理或者你知道的东西是有限的，那么你的结论就是有限的，你好多事就不可以做。这就是为什么我做的题目是认知的极限和不可能的挑战。图灵，大家都知道谁，计算机有图灵奖，计算机科学之父叫图灵。图中这个人不是图灵，他是电影演员，演图灵的，假定他是图灵。图灵根据哥德尔的证明，证明了计算机的一个非常有名的问题：有没有一个程序来确定计算机的某一个程序是不是到最后要停机还是无穷循环。这是一个著名的计算机的问题。图灵就证明了停机问题是无解，这本身也说明了计算机本身的逻辑和构造是有限的，计算机非常简单，只有电路的通和断，那么有限就像几何作图一样只有几个规则，计算机的规则比几何作图还要少。所以图灵证明了这个事，就是计算机的能力是有限的，不存在这么一个程序。证明的方式跟刚才说的康托尔所说的理发师悖论是一样的方式，证明所谓的停机问题无解。

图灵也是非常悲剧性的人物，他的去世是因为咬了一口泡在氰化物里的苹果。大家问为什么苹果手机的图案是苹果被咬掉一口，咬掉这一口的人就是图灵。我们的计算机的逻辑和构造是非常简单的，所以它所能做的东西是有限的，有限到什么程度我们不知道，可是站在数学比较高的高度来看的话，计算机的能力是有限的。我为什么要特意说这个问题呢？因为前段时间 AlphaGo 打败了李世石之后，不少人说计算机是不是要征服人类，其实大家完全不必担心，因为计算机整体的构造太简单，那么简单的逻辑和结构，能力是有限的。它可以很快，但是从更高的角度来看，它的认知方面和智力方面是有限的。

每一个科学都是基于一个假定，代数、几何、计算机都是基于一个非常简单的体系。在这个非常简单的体系里面，因为有限所以很多事是没法儿做的。比方说你可以让计算机有更好的电路、更多的内存，使计算机更强大，但是我们丢开速度，从更高的层次来看整个计算机对人工智能、对智力的开发，还是一个有限的，但极限在哪里？搞计算机的人可以告诉你，我是作为数学家来分析整个体系的问题。下面我要讲一个更加不懂的方向，我们有专家在这儿，我班门弄斧讲讲生命科学。现代生物学的理论认为我们的认知是基于神经元的充电和放电，现在的模型基本上是属于一个物理化学的过程，物理化学的过程其实非常简单，我们都说数学很简单，有一套公理体系，其实计算机、人，现代生物学告诉我们这些还要简单，从最基础的来看这个问题，生命是什么东西呢？生命科学家告诉我们就是充电和放电，当然我希望不是这样，他们认为假如人从生物学来讲是这样的，认知的极限就非常有限，因为毕竟我们只能做这么几个简单的事，跟数学一样，只能做几个简单的事的话，能带来的后果也是有限的，我们不考虑速度只考虑认知的范围。当然了，我们也可以去问，现代生物学大家解释不了的事情是，我们有自由的思想，我们有灵魂，我们有意志，问题是，难道人站在这儿真的就是充电、放电？我的思想、我的思维、我的灵魂真的就是充电和放电吗？生物学家可以更进一步地探索这个问题，也许他们没有了解。我一直想证一个数学定理，这个数学定理是什么呢？如果有兴趣的话可以试图证明，这个定理是人的生命是不可能仅仅是现代生物学家所描述的那样，是一个物理化学过程，也许还有我们尚未理解的更深刻的机理。大家有可能对数学感兴趣的话，可以用数学的方法来证明这个机理，比如说我来证明一下人的自主的、自由的意识是没有办法仅仅用充电跟放电来达到的，这是我希望能证明的，但我不是生物学家，我希望能由数学和生物结合在一起做这样一个事。

最后我讲几个图，我们人类比猴子早了几百万年，你想象一下，假如说猴子在看人类社会，它们可能基本上没有办法知道我们人类在干什么。但从另外一个角度来讲，我们比它们也先进不了多少。假如它们的智力、智能是充电、放电，我们跟它们一样的话，我们能比它们多多少呢？我们知道猴子难以想象我们在干什么，我们作为人类，一个人可以说是在非常有限的范围之内在看整个世界，我没有物理学家那么大胆，他们认为自己可以理解所有的一切，理解宇宙的起源，作为数学家我们做什么事都比较谨慎，所以我认为我们还是一个井底之蛙，我们看不了多少的东西，我们的认知和局限性还是挺大的。

大家想想，相当于你想让盲人想象色彩，让聋人欣赏音乐。对于我们人类来讲，认知非常有限，超出我们认知以外的东西我们怎么认识它们？其实这是非常难的过程。时间有限，我的演讲就到这里了，谢谢大家！

夏志宏<br>理解未来讲座第 16 期<br>2016 年 5 月 17 日

## |对话主持人|

**丁　健**　金沙江创业投资董事总经理，未来论坛理事，未来科学大奖生命科学奖捐赠人

## |对话嘉宾|

**汤　超**　北京大学讲席教授、前沿交叉学科研究院执行院长

**王晓东**　北京生命科学研究所所长，美国国家科学院院士，未来科学大奖科学委员会委员

**夏志宏**　南方科技大学讲座教授，美国西北大学 Pancoe 讲席教授，未来科学大奖科学委员会委员

**丁　健：**不知道大家什么感觉，反正我听完了以后我的脑袋肯定是无穷大。很骄傲也很后悔，骄傲的是我居然敢揽这样一个活儿，后悔的是我居然敢揽这样一个活儿。我一直非常敬仰数学家，虽然我学化学。

今天虽然用的是非常浅显的、基本的数学道理，但是最后引到了一个非常深的哲学方面的问题。人类的认知极限到底有没有，到底在哪里？今天我们请来的三位科学家在这些领域都是大腕级的人物。所以我在想，因为刚才（夏志宏）教授问到了生命问题，所以第一个问题我们就请王晓东教授来讲一讲，怎么理解人脑的极限在哪里？

**王晓东：**我就想跟大家分享一件我儿子告诉我的事情。我儿子是美国加州理工学院毕业的，他跟我说他们学校每年收 200 个左右的本科生，他说他们的学生进来以后先考试，考数学和物理，他说这 200 个学生里可能差不多有 5 个人他们觉得是可以学数学的，这是事实。剩下的，就是次聪明的，可以去学天体物理。再次聪明的可以去学引力波、地质物理。我等了半天怎么没有说生物学家啊，我说那最差的呢？他说都去学生物了。这确实是一个事实，因为学生物的人有点尴尬，经常搞不清楚自己是文科还是理科。我不是黑学文科的，所以有时候，我们在科学家里听到有人骂：你……文科生，这可能是对科学家最恶毒的一句评价了。

为什么数理最差的都还能学生物？因为生物作为一个学科跟数理不一样，数学的语言完全是抽象的，物理也差不多。差不多还是有差距的，因为它们还是有一点具体的东西。其实很多人不具有这样的能力，刚才说我们人脑到底有多大的潜力？你问我，我只能想到我自己的大脑有多大的潜力，我并不知道夏志宏的大脑有多大的潜力或者是汤超的大脑有多大的潜力。其实在我们人类文明发展的过程中，其中一个大的里程碑就是我们全世界的人都通过互联网联起来了，这其中当然也有丁健很重要的贡献。

也许某一个人，一个个体的思想火花能够比以前更快地成为整个人类的共同的财富。我在想，如果说以前是个人的能力的话，那么现在可能更多的是一个群体的能力。但即使如此，我想那种最闪亮的火花、最有创造力的火花肯定还是那5%的人最先闪出来的。我们作为生物学家，我们的研究，它的语言到目前为止还不是数学语言。

但对学生物来讲，我也可以说一点点值得我们骄傲的事情。生物研究是很复杂的，相对于数学和物理来讲，因为生命体是很复杂的。这也是我儿子给我讲的，他在加州理工学院学工程，他说有一件事情特别困扰他，工程的基础是数学和物理，他说学工程有一个原则，就是要精确，越精确的东西越好。他说学生物发现生物的东西没有这个原则，也不知道什么样的东西是原则。我说你说的确实是对的，其实我们每个人的“零件”都差很多，可以误差很大，但是每个人都是一个有功能的个体。所以我就想回答你的问题，但现在问这样的一个问题其实还是有一点早，还是有一点儿像刚才（夏）志宏讲的井底之蛙。因为我们对生命现象的了解（是不够的），我们对宇宙起源的了解要比对生命起源的了解多得多。

**丁　健：**补充一个简单的问题，除了人以外还有什么动物会数学？咱们有证明过吗？比如说猴子能数数么？

**汤　超：**我曾经建议饶毅用果蝇做实验，看果蝇会不会学会概率。有些东西可以冒险，但是得到的回报更大。他觉得果蝇太笨了，可能不行，他一直没有做这个实验。我觉得还是有必要做的。

我觉得晓东刚才说得挺有意思，但他也有一点太谦虚了。首先他说数学家最聪明，物理学家第二，生物学家最后。这个聪明不聪明，现在还是根据知识体系，好像有一个人为的概念。其实像晓东说的，人是特别复杂的，所以反过来说生物学家在不学数学也不学物理的情况下，能做出这么多漂亮的工作也是非常聪明的表现。反过来说，（夏）志宏觉得现在的物理、化学不能够了解大脑，我又同意又不同意。现在我们不知道怎么用现代的物理、化学来了解大脑，但是我们也不能保证我们在研究人、研究生命、研究大脑的时候不会发明新的物理，甚至新的化学，然后来了解人的大脑。但现在有一点是肯定的，我们现在可能还是井底之蛙。了解人的大脑的数学语言和物理的概念还没有出现。在简单的层次上好像已经有一些可以用物理手段、化学手段来做的、跟大脑有关的实验，观察一些现象，甚至做一些比较粗浅的解释，但需要达到有意识、有思维的东西，可能还是需要一个很大的突破。但我是一个乐观主义者，我不知道是可证实还是可证伪，现在可能是不可证实也不可证伪，但我觉得也并不是完全不可能。

**丁　健：**（夏志宏）教授既是天文学家又是数学家，我想问一个问题，在天体物理里有一个理论是关于多重宇宙的概念。那么大家都知道在多重宇宙理论中，咱们所在的宇宙是一个非常特殊的宇宙，它所有的参数正好精巧到能够让生命出现，如果在有些参数上稍微变一变，基本上生命就不存在了。绝大多数多重宇宙里是没有生命的，在这些宇宙的物理性质是有很大的变化的。我的问题是从数学家的角度来看和在天体物理学家的理解上看，这些宇宙里面的数学体系是不是都是一样的，还是说它们也是不一样的？

**夏志宏：**我是做天文学里面的天体力学的部分，与天体物理是完全不同的一个学科，对这些我稍微有一些了解。比方说，你说的多重宇宙以及多重宇宙的性态，我其实完全不清楚。但是我想回到刚才晓东讲的关于聪明的事，我一直对我的学生们讲，每个人都应该找到适合他做的事情。聪明不聪明是相对的，我知道一些非常聪明的数学家，他们在数学领域做出了很大的贡献，但是他们可能连一些非常简单的数学以外的东西都搞不清楚。一般的人认为非常简单的社会行为他们可能都做不了，这些人我不知道应该归结为聪明还是不聪明。所以我一直在说，每个人都应该找到他自己感兴趣的方向。假如你对化学和生物学的感觉特别好，在这方面有一些洞察力，那你应该去做生物学，这表示你在生物学方面很聪明。数学仅仅代表非常小的一部分人的大脑的能力。其实我很欣赏文科的学生，他们做的很多事我觉得都非常伟大，而且因为我自己做不了，尤其比如说对着话筒、对着录像机讲话，我一直就讲不了，我发现他们就很能讲，所以非常佩服他们。

**丁　健：**我还有一个问题问三位科学家，还是要回到根源上的问题，大家都讲人脑不完备、有限，同时夏教授也讲到了很多的公理的不完备体系。我们现在感觉到这样的一种公理体系的不完备性，到底是因为我们已经能够证明不管多聪明的人来，这个东西都是不完备的，还是说因为我们人脑到现在，其自身的缺陷、限制性导致了我们认为它不完备？

**夏志宏：**不完备是永远的，是没有办法完备的。比方说一个人聪明一些或者说我们发现了大脑有某种机制，让你可以做更多的事，但是在这个基础上还是不完备的，还有一些其他的事你做不了。我举一个简单的例子，假如说一个人生来没有眼睛和耳朵，这个人他能做的事是有限的，不很完备。假如给了他一双眼睛以后，他能感知、认知的能力加强不少，但这时候还是有限的。再给他耳朵，他能做的事就更多，但是还有很多我们现在未知的。比方说猴子想知道人怎么样，但是它没有办法跳出认知的范围考虑更上面一层的东西。

**王晓东：**我从生物学家的角度来讲，我们把生命现象当成一个研究的对象，往往没有把它看得那么神秘。比如说大脑，我们看大脑就是一大堆神经元，神经元就是一个个细胞，其实跟皮肤细胞、毛发细胞、肌肉细胞都是一样的，只不过是分叉多，可以放电。人脑可能是很复杂的，所以很多神经科学的研究是用一种研究动物的模式，比如我们研究很多小鼠也发现我们认为的很高等的所谓奖赏、惩罚、情绪，在它们身上也有同样的表现。脑本身就是一个神经系统，如果看这个神经系统可以到很低的动物。几十个神经元就形成了一个神经的网络，也可以行使趋利避害的功能。所以从这个角度来讲，有时候自然不自然地就认为人脑只不过是很简单的神经系统，就是复杂再复杂。但确实有两点，我们在研究生命现象时想不通，第一点，如果说我们认为所有人的进化，包括所有动物的进化，都是由生存，进化主要是生存，它是有食物、有配偶、有避免伤害、有免疫系统去抗感染的这样一个进化。但我总是很难想象，为什么人脑能进化到能想出广义相对论或者是黑洞这样的东西？因为这从动物界来讲是完全不可能有关系的，或者说怎么会想象到平行宇宙的事情？我们这个宇宙还没有搞清楚，但我们人脑确实有这个能力，可是这个能力又是为什么？我不能理解。再一点就是我今天讲的，所有的有生命的东西都有一个自我的原动力，哪怕是最简单的生物，它也要趋利避害，也要繁殖，要获取能量。但这个原动力又是从哪儿来的？又是为什么？这也是我解释不清楚的，作为一个研究生物的科学家，这两点也是让我非常迷茫的地方。

**汤　超：**我补充一下，我觉得晓东说的这两个问题都是非常有意思、非常大的问题，我也有同感。如果你研究一些生命体，研究一些简单的神经网络和简单的功能，用现有的物理、化学是可以解释的。甚至从最简单的细菌的趋化性，线虫，它去找食物，它喜欢某种温度，只要把神经元的连接搞清楚，怎么控制肌肉，怎么接收信号，用计算机是可以模拟出来的，这里面没有什么奇怪的东西。现在的问题是当你的神经网络越来越复杂的时候，它能出现什么东西。我觉得人类的出现，我们的大脑有这种能力，你完全可以说是大自然犯了一个错误或者它也不知道、不小心，就是个accident（意外）。当你把很多小的部件放在一起，当它们的连接性越来越大的时候，你不知道它们能够做什么事，就会有一些突变。所以思维和意识我觉得可能跟这个有关，在物理里面叫相变或者叫奇点。像我们的大脑是几百亿个神经元，每个神经元又和大概 1000 个其他神经元相连接，这是一个巨大的社会，它们之间相互通信可能跟互联网有点像，能产生出什么样的功能和能力？能够达到什么样的极限？这个我们都是非常不清楚的。

**丁　健：**我发现一个特点，今天一直在谈极限和很多的不可知以及局限性，这个和以前的科学家的很多思维会有一些不一样。我还记得在杨振宁教授 90 岁生日的时候，我问过他这么一个问题，我说您在 90 岁的时候，回过头去看关于宗教和科学之间的关系，您在 40 岁时候的看法和 90 岁时候的看法有什么不一样？他回答：在 40 岁的时候我觉得科学可以解决所有问题，人可以知道所有的东西，人可以知道宇宙的所有的东西。但是到了 90 岁以后我发现这么多年来，人脑有它很强的局限性，很有可能有些事情是我们永远不知道的。这跟刚才几位教授的观点有一点像。我就在想，在座的各位都是科学家，可能有一些话题未必是大家希望去谈的或者说是比较敏感的话题，但我还是想问，我估计在座的很多人会有这样的一个兴趣去了解。站在科学家的角度，如果我们有这样的局限性，我们对宇宙其他东西的理解，就像猴子对其他东西的理解，有没有存在一种比我们智能更高的东西，我们既看不见，但又天然存在这样的一种可能性？

**王晓东：**科学本身是一个方法论，它不是所谓的结论。什么是科学？我个人理解，我们对一个问题的看法，第一，要有证据，第二，如果没有证据要有逻辑，第三，没有逻辑也可以想象。但是这几个做法的界限一定要很清楚，你不可以说你想象的东西是正确的，你想象的东西就是真的东西，那是违背科学原理的。所以我们不知道的东西，像刚才你讲的，或者像杨振宁先生提的，或是有一系列的理论来解释的我们以前未知的东西，在我看来，如果用科学的方法来看的话，至少目前来讲我们对这个世界怎么认识，包括我们能够认识到的和我们没有办法认识到的，其实作为一个生物学家我们对这一点是非常清楚的，我们认识到的是很少的，我们没有认识到的是很多的。在这个过程中，你会不断地寻找证据、逻辑体系，要合乎逻辑，还要有想象，这一套认识世界的方式，我们认为是要用科学的方法。至少我个人认为，我们对这个世界的认识，包括您刚才提到的，对我们人类有关的和无关的方向的认识，科学的方法在我看来还是认识世界最好的方法，从人类历史上来看也是这样证明的。另外我也想澄清一点，基因的数目跟智力可没有任何的关系，有的植物比人的基因可多多了，但对于植物在想什么，我们也不能理解它。

**汤　超：**我补充一点，我非常同意晓东的观点，我们人在这么长的历史长河里对大自然的认识虽然是很小的一部分，但还是一直在往前走，并且知道得越来越多，而且是基于很严格的方法论。但你刚才问的问题跟这个有一点点不一样，你说这个宇宙中是否存在比我们还要聪明的或者是它们知道的比我们还要多的东西？如果你觉得这个东西确定是某种生物的话，我觉得是有可能的。因为我们对人脑的极限是不清楚的，为什么不可能在另一个星球上面，他们通过进化可能比我们早一些，可能快一些？大自然犯了好几个错误，把它们的脑袋搞得越来越复杂，连接越来越多，它们能做我们做不了的事，它们能想我们想不到的事，这是完全可能的。

**夏志宏：**在探索人的认知以及人有什么地方比较特殊方面，有两个选择，一个选择是从人慢慢地进化到现代人，一个选择是我们认为有比我们更发达的或者比我们智力更高的一种动物存在。当然，另外一种比较懒的办法就是认为有上帝的存在。我们是特殊的，我们已经演化到中级，我们是非常特殊的团体，但是从科学家的角度来看，觉得我们只不过是现代的演化当中的一个过程而已，将来或者有其他的生物可能要比我们更发达，它们的认知能力要比我们强得多，但是心理上要达到一个安慰，我觉得相信宗教也是一个比较好的事。

**丁　健：**我知道肯定后面还要留一些时间给大家，我还想提最后一个问题，因为人工智能兴起了，所以这是比较热的话题，未来学家说，再过几十年，他很乐观地认为再过 30 年左右，2045 年，计算机智能的进化整体上能超越人类，甚至进一步预言，最后人脑可以和机器融合在一起，甚至人脑可以上传到机器上。人智能和机器智能已经合二为一了。从计算机现在的发展来讲，不是说完全没有可能，你们怎么看待这个问题？是觉得太天方夜谭还是说它有小部分的可能性？

**王晓东：** 这个事我可以先说，你虽然是学化学的，但你有没有意识到你的生命的所有的信息其实都已经刻在一个无机体组成的有机体中，那叫DNA。所以你这个所有的生命的信息其实都在里面了，它也是不断地在传承。

**丁　健：** 这种传承是不是可以进一步理解成，如果能找到其他的载体未必非得要现在的载体去承载呢？

**汤　超：** 我觉得这是一个非常有意思的问题，竟然有这样一个预言说那时候计算机智能可以取代人类。我不知道他们是怎么做这个预言的，从我们的讨论可以看到，人对自己的大脑的了解还是非常非常少的，所以你对自己的大脑的了解都很少，你怎么知道计算机可以超过我们呢？这显然不是很靠谱的预测。但是从另外一个方面来说，机器人工智能确实发展得很快，而且它的发展可能和人脑并不是完全并行的，并不是机器在模拟人脑，计算机完全有自己的一套算法，有自己处理智能问题的工具，有一些可能跟人脑有关系，有些可能没有关系。哪些有更深刻的关系？我们现在也不太清楚。所以有可能形成一个局面，人工智能也发展，人脑的研究也发展，两边可以相互借鉴、相互作用，以后也有可能（在人脑内）植入一个芯片之类的，也可以互相帮助，我觉得这些都是可能的事。脱离有机体完全是有可能的，放一个计算机在那儿，它完全可以完成很多事，甚至自我复制也不是问题，它自己生产新的机器人。可能最重要的问题是对人脑、对人工智能的认识，终极认识也许是不太可能的，就是认识能不能往前推。

**夏志宏：** 我倒一直认为具有特殊功能的计算机或者是机器人当然到 2045 年肯定非常强大了，比如你让它做某一件事，肯定会有计算机可以取代我们，很多事都可以取代我们。但到 2045 年它的智能可以达到甚至超过人是很难说的，比如说计算机在一起不会突然想起来开一个会议把大家召集在一起，也不可能像爱因斯坦一样突然想起提出广义相对论或者是提出量子力学，因为它们整体的结构，哪怕是它再人工智能，再自我学习，但它们跳不出它们的范畴，它能做的事还是我们希望在设计它的时候就让它去做的事，让它们有特殊的功能，我们造车子和飞机可以比人走路快得多。我们需要某些需求，可以造出机器来，满足这种需求，满足特殊的功能。但是人的强项是可以坐在一起，可以想出一些机器无论如何也想不出的事情来，比如说人的意志以及思维和创新能力，至少我认为计算机是没有办法达到的。

**丁　健：** 其实我真的还有很多在这方面的问题想问大家，难得有这样的机会，不过我觉得还是把提问的时间再留一些给听众。

**观众提问：** 第一个问题是问夏教授的，关于数学这一块儿的，我们现在的研究，比如说理论数学，是在本身的方法论上不断地改进它，相当于是一个工具，我们不断地优化，还是说尝试想一种新的方法，抛弃古人遗留的一套，去设想有没有更好的方法论？想了解一下您的看法。

**夏志宏：** 你学经济学，不应该是文科啊。经济学跟数学的关系是很大，拿诺贝尔经济学奖的有很大一部分人在本科的时候是读数学的，而且经济学里面需要的数学也很多，数学是在各个方向发展的。大家有一个误解，认为数学是数学家坐在那儿凭空想出来的，其实不是，所有的数学都不是凭空想象的，都是有具体的原因的。比如说最抽象的数论，在数学里最抽象的几个方向之一是它对数字的研究。其实假如换一个不同的世界，我想数论也还会有，因为大家对数字的好奇，对数字各种性质的理解，自然而然就会产生数论。你刚才问的另外一个问题，我们有一个新的学科出来了，比如说我们对数论、数字的理解加深了，其实有很多方面的应用。假如没有数论的话，我们在网上跟银行的交往就完全没有可能；我们所有人在因特网上用的保密和其他的交流的过程都是加密的，加密的方法现在基本上是一个数论的应用。所以光是这方面数学对人类、对现代社会的贡献就非常大。没有它的话，银行根本就没法儿说话，整个因特网都是公开的，你讲的话其他人全部都能听到，唯一让其他人听不到的方法就是数学，这是数学其中的一个方向。其他所有的方向基本上都是因为有某种实际的东西，我们把它抽象出来，比方说刚才说的，哪怕用到其他方向去，对计算机或者是人的大脑。我们数学家最喜欢做的事就是把它抽象、把它简单，我们希望看它本质上哪些东西在里面，抛开其他跟它相关的东西，这样抽象了以后很多人认为这是我们凭空想象的，其实不是，我们做的数学基本上没有多少是凭空想象的东西。

**观众提问：**我们的数学是在自然数1，2，3，4，5，…这个最基本的数上发展起来的，我们人脑干活的时候用的是什么数呢？他是不是用了符合皮亚诺公理的另一种数？如果是这样的话，那我们的计算机再怎么算也算不过脑子，就是这个问题。

**夏志宏：**为什么叫自然数？因为它是自然的。哪怕一个小孩或者是一个动物他会知道1，2，3，这是自然数。所以任何一种物种对数字有自然的认识。数学抽象化以后有很多其他的数，实数就是一个抽象化的结果，负数就是更抽象化的结果，负数上面有更广义的东西，我们不再把它叫做数字，比如叫一个集合里的成员。其实这都是代表了一种集合的性质，数字不是一种集合里特殊的一员。

**汤　超：**我补充一下，志宏说了数学看上去虽然是很抽象的东西，但其实还是从日常的生活中总结抽象出来的，当然自己独立发展了。

所以，你刚才的问题本来是问志宏的，假如说你跟现在一样聪明，但是你没有长这么大，你跟病毒这么大，成天活在脑子里，从这个神经元到那个神经元，观察很多现象，总结出来的数学规律是什么？我想可能不是微积分。大家知道微积分是牛顿要研究行星的天体运动发明的数学工具。所以我就在想，对人脑的思维、意识、生命的现象，它的数学语言是什么？ 就是这样一个问题。

**夏志宏：**应该是对我们物质世界的理解，我们试图理解生活周围的物质世界，我们周围的世界刚好需要微积分，所以我们就发明了微积分。假如我是你大脑的一个神经元，我们那时候不需要微积分，可能需要其他的东西，比如说什么时候可以充电什么时候可以放电，我什么时候避免你充电什么时候避免你放电，我就要用新的方式和数学，使我更能适合你大脑的世界。

**汤　超：**所以新的数学是有可能发明的。

**夏志宏：**数学还是为了适应对环境的反应。

**观众提问：**我想请教一下，对于我们研究生、本科生、高中生，将来想致力于这样的研究的年轻人，有什么样的建议或者该做好什么样的基础的准备？

**王晓东：**我在听你的问题的时候，就回想起我们在你这个年纪，20 出头，也讨论过这样的问题，现在还记忆犹新。我们是学生命科学的，生命科学到底应该是努力地学更多的数学、物理，还是数学、物理不大好的人也有一碗饭吃？当时，我的一个同学持第一个观点，他说生命科学的发展，如果你数学、物理不强的话，肯定没饭吃。我当时的想法是生命科学总得给任何人都有饭吃。他非常努力地学习物理、学习数学，最后成了一个结构生物学家，我不说他是谁了。但是我自己叫我自己生物学家，他们叫结构生物学家。我想我就说到这儿，点到为止吧。

**汤　超：**我补充一下，其实这个世界很大，生命科学是一个非常大的领域，问题也很多，我觉得完全没有一个定式，以后你在这方面做科学研究应该怎么培养，现在反而应该多样化，如果你对生命科学非常感兴趣，你就钻生命科学，你对数学、物理感兴趣，学数学、物理也没有什么不好。反过来你是数学、物理的学生，了解生命现象也是非常有意义的，还是不能有定式。我跟志宏开会前聊了这个问题，现在国内教育范式太多、规定太死，还是要有多样化、多样性。为什么大自然能够创造出这么多有意思的东西，包括我们的大脑？就是源于多样性。

**丁　健：**谢谢大家，今天我知道在座的听众会有很多的问题，其实我自己都有很多的问题，但是因为时间的限制，我们也只能先讨论到这里。（未来）论坛希望我能够稍微做一点点的小结，坦率来说我今天确实有很多的感受。在来之前，记者采访问道，为什么我们要搞这个大奖？我是做投资的，投资人很重要的是挣钱，即使是早期投资，给自己设定的目标也是 10 年要有回报。他问我们为什么要做基础科学？我纠正他，我们这不是投资而是公益捐助。第二，我说科学的研究对整个社会研究来说是非常基础的东西。我们说社会有一个错误的观念，只要我们去谈科学、谈项目，都是在讲我们怎么能让它更快地产生经济效应，我觉得今天夏教授给了我们一些例子，比如以刚才讲到的数论的例子来说他对互联网的理解。但不管这个例子到底有没有，我们都要了解，一个社会的发展就像我们吃馒头一样。有一个笑话说如果一个人吃了五张饼，能不能只吃第五张饼就饱了，不要吃前面的四张，这样不是更省事吗？其实任何社会向前发展的过程中必须要从第一张饼开始吃，社会的进步不可能只靠第五张饼就能够向前发展，不可能只靠我们投资那些应用、商业模式，等等，好像这个社会就进步了。所有的基础科学中大家今天看到的最基础的就是数学，所以我想我们今天都意识到（未来）论坛也好，科学大奖也好，对于基础科学的重视和对基础科学的宣传就是为了告诉大家，这个社会的进步的根本动力在于基础科学研究的进一步的推进和发展，而中国在这个方面坦率说在过去这么多年来，相对于国际的先进水平，从我们在诺贝尔奖获得者的数目来讲还是落后于先进国家的。但是，我们有这么多优秀的科学家，包括在座的，我们也相信中国在未来的 5~10 年会有更多的科学家冲到前沿，也会有更多年轻的血液，在新的科学家的鼓励下，在（未来）论坛的鼓励下，在科学大奖的鼓励下，能加入到基础科学的研究，而不是说一窝蜂地要么认明星，要么认商业的成功者和投资者，觉得百万富翁才是社会最大的贡献者。其实在我们的心目中，我们觉得（在）这个社会，我们可能只是最后的第五张饼，虽然我们分到的回报、得到的财富远远大于之前的人，但那些默默地做着第一张、第二张饼的人是我们的无名英雄，他们也在为这个社会做出巨大的贡献。

所以，今天，第一我们用热烈的掌声感谢演讲嘉宾和对话嘉宾，第二也对科学家（群体）表示最大的敬意。谢谢。

丁健、汤超、王晓东、夏志宏

理解未来讲座第 16 期

2016 年 5 月 17 日

# 第四篇

## 庞加莱猜想与几何：数学的研究价值

数学是有用的。整个数学发展的过程对人的思维、对自然和真理的追求都是非常重要的事。在古希腊，学习几何被认为是寻求真理的最有效的途径。毫无疑问，数学及数学家对人类文明的进步做出了不可磨灭的贡献，被誉为“最后一位数学全才”的庞加莱也不例外。

## 田　刚

北京国际数学研究中心主任
中国科学院院士
美国艺术与科学院院士
未来科学大奖科学委员会委员

1958 年出生，中国科学院院士，北京国际数学研究中心主任。在微分几何和数学物理领域做出了重大贡献，解决了一系列几何及数学物理中的重大问题，特别是在 Kahler-Einstein 度量研究中做出了开创性的工作，引进了 K-稳定性的新几何概念，并建立了该度量与 K-稳定性的联系。曾获美国国家基金委 1994 年度沃特曼奖，1996 年获美国数学会韦伯伦奖，2004 年当选为美国艺术与科学院院士。

# 庞加莱猜想与几何：数学的研究价值

首先非常高兴能够有这个机会来参加未来论坛演讲。感谢武红秘书长的邀请，而且邀请了好几次。还要感谢饶毅和丁洪做了很多促进工作。饶毅作了一个非常有趣的介绍，他好像把我该讲的都讲了。刚才听介绍的时候我在想，我答应了以后还不知道是第几次做报告，刚才问是第 11 次，而且第一次是在北大，也是第一次讲数学，今天 11 月 1 日是不是一个巧合？数学是对称的，不知道是巧合还是有一定的对称性，今天在这儿能作这样的演讲是非常荣幸。

我今天要讲的题目是“庞加莱猜想与几何：数学的研究价值”。讲之前我先说一下，确实我犹豫了一阵儿到底要讲什么，要讲我做的

研究确实是比较困难的，在座可能只有一部分人能听懂，这是一个公众报告，还是希望大家对数学有一定的理解，如果讲一大堆公式可能效果并不好。另外，理论方面在座还有一些学数学的，今天的报告可能对你们来说简单一点。今天更多讲一点数学的历史，通过这个希望给大家一个信息，数学还是有用的。刚才饶毅说数学有没有用之类的，为什么我现在不讲我自己做的这一部分，因为现在还没有实际应用，我讲的庞加莱猜想也没有实际应用，但我们是人类，要学会思考，整个数学的过程对人的思维、对自然和真理的追求是非常重要的事。

庞加莱猜想提出的时间很长，得到更多公众的注意是因为 Clay 数学研究所在 21 世纪初的时候悬赏 7 个重大问题，并不是说这 7 个问题就是数学中仅有的重大问题，数学中的重大问题还有很多，并不是说只有这 7 个问题就是最重要的，但这 7 个问题确实是非常重要的问题，其中一个就是庞加莱猜想，这个在数学里是传统。20 世纪初，1900 年第一届国际数学家大会上，大卫·希尔伯特提出 23 个数学问题，对数学的上 100 年的发展起到了非常重要的作用，我想 Clay 数学研究所悬赏这 7 个问题也是受此启发的。解决大卫·希尔伯特这 23 个问题可以拿数学奖，所以是有一定的鼓励。庞加莱是法国著名数学家之一，他也是理论科学家和科学哲学家。1904 年，庞加莱提出了著名的庞加莱猜想，在 100 多年的时间里一直困扰着全世界的数学家。庞加莱猜想的出现与几何学的发展紧密相关。我今天在未来论坛首先回顾历史，在一定程度上也是对未来的期盼。

数学，尤其是几何学，所涉及的对象是普遍而抽象的东西。它们同生活中的实物有关，但是又不来自于这些具体的事物，因此在古希腊学习几何被认为是寻求真理的最有效的途径。据说柏拉图学院门口写着：不习几何者不得入内。在古希腊，几何的地位是非常高的。毕达哥拉斯（公元前 570 年~前 495 年），他是古希腊著名的哲学家、数学家和天文学家，其思想和学说对希腊文化产生了巨大的影响。在数学方面，毕达哥拉斯有一个著名的定理，西方叫毕达哥拉斯定理，在中国叫勾股定理。在古希腊有一件非常著名的事，当时毕达哥拉斯提出了地圆，他觉得地球是圆的，这是非常了不起的事。2500 年前，大家的生活区域非常小，所能见是平的，怎么能想象地球是圆的，我觉得这一点是一个当时古希腊人非常了不起的地方，不仅猜到圆的，甚至测到地球的直径，他想出一个办法测出地球的直径，跟现在测的相差不是很大。

在欧几里得以前，已经积累了许多几何学的知识，然而缺乏系统性。在公元前 300 年左右，欧几里得完成了《几何原本》一书。这本书是非常著名的，对我后来学数学有很大的影响。在我上小学的时候，当时很多时间不上课，有几本书在家自学，其中一本是《几何原本》。当时里面很多东西是不清楚的，也搞不清楚为什么要这么写书。下面左图这是考古发现，公元前 100 年发现的，就是《几何原本》拓片。右图这是第一个女数学家，希帕蒂娅，古希腊著名数学家、天文学家、哲学家。希帕蒂娅和父亲一起对《几何原本》进行了修订，

在西方艺术作品中也有她的形象。她死得比较惨，由于她的学说、文本和观点跟当时基督教产生了很多思想上的冲突，所以她当时被处死。她终身未嫁，她觉得她是嫁给了科学。《几何原本》全书分 13 卷，有 5 条“公理”或“公设”、23 个定义和 467 个命题。欧几里得由公理和定义出发，严格地推导出这 467 个命题。当时都是没用的，纯粹是逻辑推理和演绎，但是非常漂亮。比如讲他严格论证了毕达哥拉斯定理。我讲了毕达哥拉斯定理，他证明的这个定理找不到，唯一能找到的西方证明就是欧几里得的《几何原本》，从而确定了勾股定理的正确性。什么叫勾股定理呢？在直角三角形中，以两个直角边为边做正方形的面积和等于以斜边为边做正方形的面积，也就是这两个小正方形面积的和加起来等于这个大正方形的面积。远在公元前约 3000 年的古巴比伦人就知道和应用勾股定理，还知道许多勾股数组。有一个泥版，上面有一个最大勾股数（$3^2+4^2=5^2$，勾三股四弦五），这个地方是弦，最大是 18541，这个数肯定不是测量出来的，这应该是古巴比伦人思考出来的，不可能是靠测量测出来的，技术上测不了这么大的数。在古埃及也发现了很多，在中国叫所谓的“勾三股四弦五”。真正的严格证明在《几何原本》中有证明。

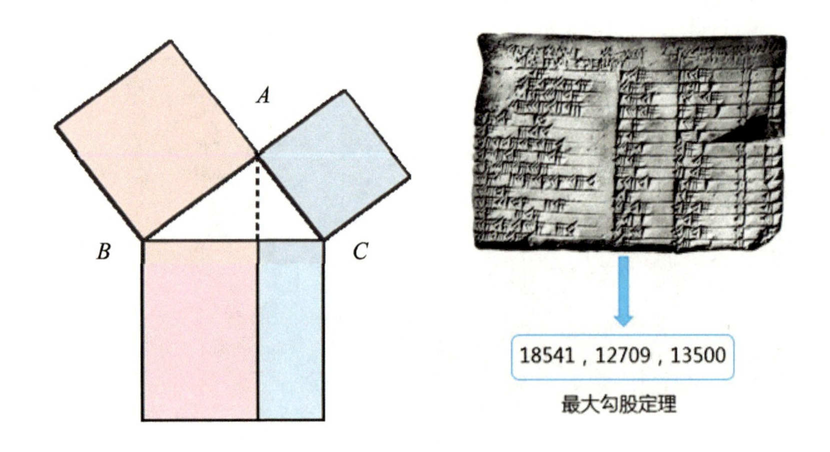

最大勾股定理

《几何原本》中的一个非常漂亮的结果是欧几里得证明了只有五种正多面体，并给出了它们的作法。第一个叫四面体，柏拉图学派认为它代表着火，有四个三角形，每个三角形是一样的；第二个是正八面体；第三个是正六面体；第四个是水，是正二十面体；第五个是正十二面体。柏拉图学派认为宇宙由五种元素组成，它们对应了五种正多面体。用现代数学语言描述是五种对称群。完全是从抽样考虑的东西得出来的非常漂亮的东西。

几何原本中的最亮的一个结果是欧几里得证明了只有五种正多面体并给出了它们的作法。柏拉图学派认为宇宙是由**五种元素**组成，它们对应了**五种正多面体**。用现代数学语言是**五种对称群**。

欧几里得几何学成为用公理化方法建立起来的数学演绎体系的最早典范。在之后的2000多年间，这一严格的思维形式，不仅用于数学，也用于其他科学，甚至用于神学、哲学和伦理学中，产生了深远的影响。但是其似乎显然的“平行公设”，所谓“通过一已知点，能作且仅能作一条直线与已知直线平行 ”却遭到质疑。这是什么意思呢？欧几里得《几何原本》有五条公理或公设，其他是定义，定义明确了这些东西是什么意思，然后推导整个平面几何。其他几条都很容易，第一条由任意一点到任意一点可作直线；第二条是一条有限直线可以继续延长，只要没有阻碍就可以永远朝前走；第三条是以任意点为圆心及任意的距离为半径可以画圆；第四条是凡直角都相等；最后一条“平行公设”是：通过一已知点，能作且仅能作一条直线与已知直线平行。这一条第五公设与其他几条相比不那么显而易见。第五公设能否不作为公设，而作为定理？这就是最著名的、争论了长达 2000 多年的关于“平行线理论”的讨论。从逻辑推理来说这一条公设是不是能从其他四条公设推出来，这个问题争了很长时间，很多人做了这方面研究，可以搜到很多历史上的著名数学家研究这个问题，这是一个学术问题。

这个学术问题，导致在 1830 年左右，俄国数学家罗巴切夫斯基、匈牙利数学家雅诺什发现第五公设不可证明，从而创立了非欧几何学。他们说要做几何，其实第五公设根本不需要，一样可以做几何，可以做平面几何，也可以做非欧几何。雅诺什在研究非欧几何学的过程中也遭到了家庭、社会的冷漠对待。他的父亲就不鼓励他做，他父亲一辈子研究这个问题，始终没有任何进展，他不希望儿子走他的老路。高斯也发现第五公设不能证明，高斯是著名的数学家，但他不敢发表，怕因发表而对他的成名有影响。因为当时平面几何、欧氏几何是大家普遍接受的东西，突然说有一种几何不是欧氏几何，可能一下子被人接受还是很难的。简单说一下，下面第一个图是什么意思？第一个图就是非欧几何的模型：庞加莱圆盘模型。如非欧几何模型之一的庞加莱圆盘所示：过“直线”外一点可以做出无数条与该“直线”“平行”

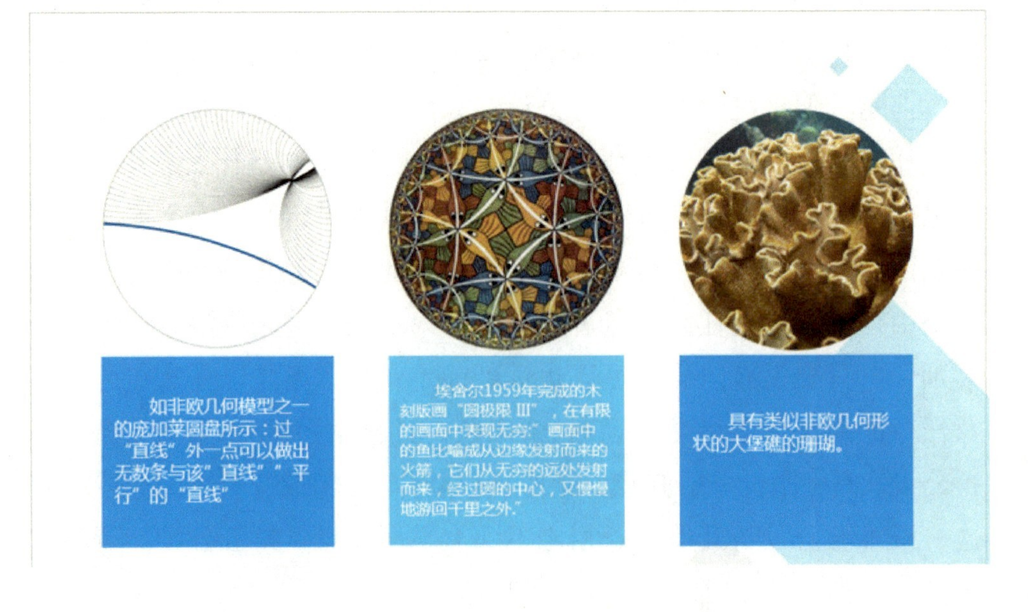

如非欧几何模型之一的庞加莱圆盘所示：过“直线”外一点可以做出无数条与该”直线”“平行”的“直线”

埃舍尔1959年完成的木刻版画“圆极限 III”，在有限的画面中表现无穷：”画面中的鱼比喻成从边缘发射而来的火箭，它们从无穷的远处发射而来，经过圆的中心，又慢慢地游回千里之外。”

具有类似非欧几何形状的大堡礁的珊瑚。

的“直线”，当时是非常新的几何，现在看这个几何非常有用，之后还会看到有很多非欧几何的应用。第二个图相当于一个艺术作品，是用一些非欧几何直线画出来的东西，比平面几何还好看、更丰富。第三个图是类似非欧几何，自然界非欧几何也存在，像大堡礁的珊瑚，有的珊瑚呈现非欧几何的形状。

大约过了 20 多年，1854 年，黎曼发明了黎曼几何。黎曼是德国数学家，他是高斯的学生，他早期不是做几何，是做分析的。他在德国拿到博士学位以后，不一定能够做讲师、教授，做教授还要经过教授资格考试。黎曼非常聪明，高斯想试试他，看看他到底有多聪明，让他做几何问题，结果他就创立了黎曼几何。他引进了流形和度量的概念，并且证明了曲率是度量的唯一内涵不变量。欧几里得几何、非欧几何都属黎曼几何。前者是平坦曲率的情形，后者曲率为负。黎曼告诉大家有更多种的几何，有一种度量就有一种几何，以前平面几何只是其中非常特殊的一种。曲率我就不定义了，一个曲线的曲率，可以看它的弯曲程度。总的来说曲率测量曲面或者空间。有时候我们要考虑更高维的空间，这个时候它的曲率也是可以定义的。黎曼还有一个贡献，考虑抽象概念的时候，这些概念不需要看到，三维空间在我们这个空间里面是看不到的。那么确实曲率存在，我们举一个例子，在广义相对论中，宇宙一切物质的运动都可以用曲率来描述，引力场实际上就是一个弯曲的时空。这是著名的事件，日全食时我们可以看到太阳后边的星星，为什么能看到，就是因为在这个空间，直线实际上是弯曲的，太阳以很大的引力造成空间的弯曲，所以曲率确实是存在的。

几何学的进一步发展就产生了很多新的数学分支，拓扑学是其中一支，但它与通常的平面几何、立体几何不同，拓扑学对于研究对象的长短、大小、面积、体积等度量性质和数量关系都无关。比如一个茶杯，茶杯的表面和救生圈的表面在拓扑上是一样的，它的形状可以不一样，但是拓扑性质是一样的。拓扑有什么好处？拓扑性质特别稳定，虽然形状变了但是拓扑性质不变，看上去是非常抽象的东西或者跟以前想象的几何不一样的东西。现在量子计算很大程度上都要用到拓扑不变性，没有拓扑不变性以后量子计算是不是也会有问题？庞加莱猜想就是拓扑学著名的研究问题之一，它给出最简单的三维空间即三维球面的拓扑刻画。从数学上来讲，任何一个单连通的、闭的三维流形一定同胚于一个三维的球面。

100 多年来，庞加莱猜想的研究是拓扑学的发展的重要动力，包括六七十年代高维空间的拓扑分类，八九十年代 4 维空间微分结构的研究，但很多基本问题尚未解决。低维空间的拓扑仍是非常活跃的研究领域，它与物理紧密联系。举几个例子，1960 年，S. Smale 将庞加莱猜想推广到任意维，并解决了 5 维及 5 维以上的广义庞加莱猜想。1982 年，M. Freedman 解决了 4 维的广义庞加莱猜想。1980 年，W. Thurston 提出了一般 3 维空间的几何化猜想，庞加莱猜想是几何化猜想的自然推论。Thurston 还验证了一大类 3 维空间确实满足他的猜想。虽然这类空间不包括庞加莱猜想，但为庞加莱猜想成立提供了强有力的证据。

如前所说，庞加莱猜想给出 3 维球面的拓扑刻画。那 3 维球面有何特别性质呢？我们不可能直观地看到 3 维球面，因为所在空间只是 3 维，不可能把 3 维球面放在所熟悉的 3 维空间。但是我们可以通过类比的方法想象 3 维空间，就是通过 2 维来想象、来刻画或理解 3 维球面的可能性质。那 2 维球面有什么特点呢？一个特点：假如说我站在北极投影，去掉北极点的 2 维球面投影到平面上，所以 2 维球面可以看成是平面加上一个对应北极点的无穷远点。还有一种看法，拓扑学从两个圆盘开始，然后我做形变，因为拓扑学不关心形状，只要是连续的形变都不会改变拓扑的性质，最后得到两个半圆，沿着半圆的边界把它联起来，粘合起来就得到球面。也就是说 2 维球面是两个圆盘沿着边界粘合起来。3 维球面就是把两个 3 维球体沿着边界粘合起来。数学上确实如此。所以 3 维球面有两个特殊描述，一个描述是 3 维空间加上无穷远的点；另外一个是两个实体球中间充满了东西，沿着边界，边界是 2 维球面粘合起来的。这两个看上去非常简单的东西，实际上，背后还是隐藏着很多东西。第一个说法说明 3 维球面是单连通的。这是一个 2 维球，这是两个环面，假设 2 维球面有一个圈，一定可以填满拓扑上圆盘的东西，2 维球面没有洞，图中这样一个圆不能填满，因为中间有洞，2 维球面是单连通的，即球面上每个圆盘都是一个拓扑圆盘，或直观地说，2 维球面没有孔。3 维球面也是单连通的。像 2 维球面的情形一样，3 维球面也是单连通的，即 3 维球面没有孔，它上面的每一圆圈都可收缩到一点。我们可以用 3 维球面的第一种刻画证明这个性质。对 3 维球面上任给的圆圈，去掉圆圈外一个点后，剩余部分等同于我们所在的、没有孔的 3 维空间。因此给定圆圈可收缩到一点，也就是说，3 维球面是单连通的。

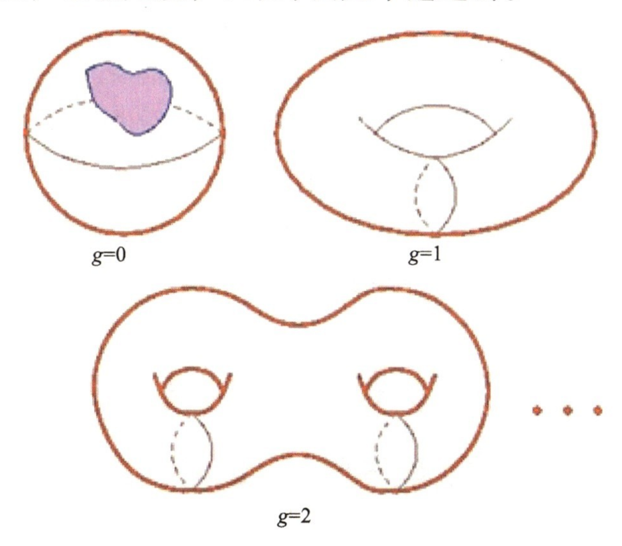

那如何证明庞加莱猜想？我刚才说 3 维球面是单连通的，庞加莱猜想说单连通的东西一定是 3 维球面。我只要知道这个东西没有孔，任何一个圈都可以填成一个面，这样以后，一定要是 3 维球面，这是一个反问题，要难得多，这个就是庞加莱猜想。100 年来，拓扑学家是如何去设法证明庞加莱猜想的呢？经典途径是什么？我们从曲面讲起，曲面是 2 维的，因为局部地我们可以用两个数字来描述曲面上的点。下面第一个图是三个洞的曲面，第二个也是三个洞的曲面，第三个是一个洞的曲面，所有的这些曲面都可以坐落到我们的 3 维空间里，然后把里面填满，就成为一个 3 维实体，曲面就称为实体的边界，我们称这样的 3 维实体为实心环柄体。曲面和实心环柄体的亏格是孔的数量。3 维球面的第二种刻画表明它是通过粘合两个 3 维球体整个边界而得到。这在数学中称为 3 维球面一个 0 亏格的环柄体分解，可以通过两个环柄体而分解，环柄体都是没洞的。实际上数学中有一个定义，在 20 世纪五六十年代，就是说任何没有边界的 3 维空间，都能够通过粘合两个一定亏格的环柄体的整体边界而成。但是分解是不唯一的，一个 3 维空间可以有不同亏格的环柄体分解。我从 3 维球面出发，下

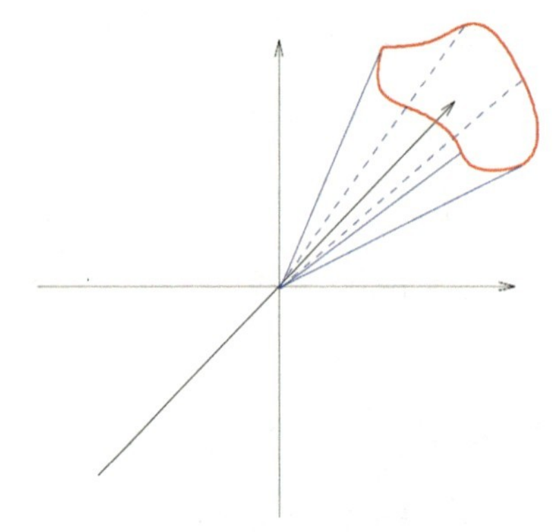

**我们从曲面讲起**

曲面是 2 维的，

**因为局部地我们可以用两个数字来描述曲面上的点。**

所有的这些曲面

都可以坐落在我们生活的3维空间里，并且都是一个3维实体的边界。

我们称这样的3维实体为实心环柄体。

**曲面和实心环柄体的亏格是孔的数量。**

面是 3 维数学符号，这两个实体球分解，实体中间挖一块，打一个洞出来，把这个孔放在这儿，然后第一个球就有一个孔，再把这个再弯一下，跟第二个球再接起来，会得到新的庞加莱环面，相当于茶杯的做法。这样

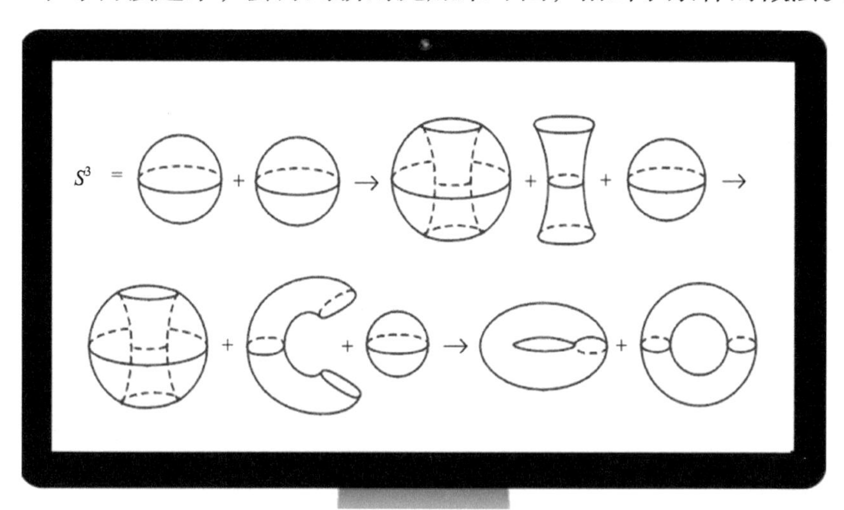


就发现这儿做的东西实际上整体物质没变，这是整体物质，这是两个实体，挖了放在这儿，整体上没有变化，还是 3 维球面，但最终 3 维球面会变成一个亏格为 1 的实形体。你还可以做 2 维，刚才的方法对于想象力足够丰富的可以做下去，不难得出任何亏格。高亏格的曲面的结构比 2 维球面更复杂,会有许多不同的方式来把它们粘合在一起，这样会得到许多不同的 3 维空间。寻找解决庞加莱猜想的方法，有一种办法可以将 2 维球面同自身粘合，亏格空间是 0，3 维空间一定是 3 维球面。这个想法很简单，但是做起来很难，如果我们能找到一个方法，使给定单连通的 3 维空间分解为两个 3 维球体，则它一定是 3 维球面，从而解决了庞加莱猜想。100 年来，拓扑学家都在寻找这一方法。

尝试解决庞加莱猜想的数学家们，最早研究庞加莱猜想的有影响力的数学家可能是 J. Whitehead，1930 年，他宣称给出了一个证明，随后发现了错误，主动撤销了这个证明。但在此过程中，他发现了一些单连通、非紧的、但不能等同于欧几里得 3 维空间的有趣例子。

在 20 世纪 50 年代与 60 年代期间，许多有影响力的数学家，诸如：Bing、Haken、Moise 和 Papa-kyriakopoulos 先后尝试着去解决猜想。但都发现他们想给的证明有缺陷。特别要提一下 Papa 这个数学家，他是 1948 年来到普林斯顿访问，后来留下来工作，家里面在希腊很有影响力，他在第二次世界大战（简称二战）时参加游击队。希腊二战的时候有左派，有流亡政府，还有当时跟纳粹合作的政府，他参加左派的政府在山里打游击，他那时候自学，也是自学成才，后来证明了三个非常重要的结果，因此获得 1964 年设立的第一个美国数学的 Veblen 几何奖。这个人 20 世纪 60 年代起就研究庞加莱猜想，他完全意识到不一定会有结果，但是他坚持，据说每天 8 点吃饭，8 点半到办公室，11 点半吃中饭，4 点半听音乐，一直坚持，直到 1976 年因病去世，他是一边做数学，一边听音乐，人也是非常聪明的。他为什么到美国，很大程度上因为希腊政府当时对左派的打压，他的老师工作都没有了，所以他要自谋出路，后来就没有回去过。当时还有一个有趣的插曲，50 年代希腊政府找到美国，要把他遣送回国，说他是共产党，当时普林斯顿大学不同意，要保护他，他对于普林斯顿大学还是非常感激的。

庞加莱猜想的最终解决依赖于微分几何和分析的方法，最重要的是 R. Hamilton 里奇曲率。R. Hamilton 证明了里奇曲率流的许多基础性结果并给出了解决 Thurston 三维流形几何化猜想的纲领。他也解决了庞加莱猜想的一些特别情形，但他无法克服一些关键技术问题。有趣的是，普林斯顿与庞加莱猜想有很深的渊源。无论是尝试过而未成功的数学家中，还是对最终解决做出突出贡献的数学家中，许多都在普林斯顿大学工作或学习过，如 J. Whitehead，Papakyriakopoulos，R.Hamilton，等等，最终解决这个问题的是 Perelman。2012 年 11 月 12 日，Perelman 在网上公布并给多个数学家发了电子邮件附上了他的一篇论文。这个邮件发给了很多人，之后，他又发布了两篇系列论文。

在这三篇文章中，他概述了庞加莱猜想以及更一般的 Thurston 几何化猜想的证明，从而实现了 Hamilton 提出的纲领。Perelman 的证明，用到了过去 50 年甚至更长时间微分几何中的许多重要进展。他的解决是几何发展或者更长时间发展的积累，最终的解决是他完成的，中间牵扯到很多著名数学家的工作，包括非负曲率空间的分类、黎曼几何的紧性理论（这是 60 年代末开始发展的）、热传导方程的 Harnack 型估计、曲率下方有界空间的塌缩理论、极小曲面理论（极小曲面历史更长了）。Perelman 的证明缺少细节，令人很难读懂，验证工作十分困难。经过几组数学家的大约两年时间的努力，终于补齐了庞加莱猜想的证明细节。虽然 Perelman 的证明有些漏洞，但都可以修复。Thurston 几何化猜想的证明验证工作更曲折一点。就在 2012 年，R. Bamler 还发现 Perelman 证明以及他人补的细节都忽视了一个重要的技术问题，幸运的是，利用 Perelman 的证明可以设法解决这一问题。R.Bamler 还证明了比 Thurston 几何化猜想更广的一个深刻的几何定理。他 2011 年毕业于普林斯顿大学。后来我们知道 2010 年 3 月 18 日，Clay 数学研究所将首个 Millennium 奖授予 Perelman。 但他没有参加 2010 年 6 月 8 日在巴黎举行的颁奖仪式。这个会我当时也在，去了很多数学家，他没有接受，他于 2010 年 7 月拒绝了 Millennium 奖。之前在 2006 年，他还拒绝了世界数学家大会颁发的菲尔兹奖。Perelman 认为：“大家应该理解如果证明是对的，那么其他的认可都是不需要的。”这是很好的一句话，科学成果本身的价值是最重要的，但是是否又犯了一个小错这就不知道了，可惜并非每人都这么想。

Perelman 把问题解决以后，还有很多遗留的问题，最突出的就是 4 维的庞加莱猜想，虽然 M. Freedman 于 1982 年解决了 4 维的广义庞加莱猜想，但我们不知是否“存在一个光滑的 4 维空间，它同胚于一个 4 维球面但不微分同胚于 4 维球面”。这被称为光滑的 4 维庞加莱猜想，依然未被解决，并且被认为是十分困难的。这是现在数学中非常重要的一个问题，怎么样确定光滑结构？在 7 维，球有 28 种方式。

上述的几何研究属基础数学的范畴，它开始都不是以“有用”为动力的，都是追求一种真理，但实际上却是极为“有用”的。几何在我们的生活中用处很多，我举一个例子，大家都经常听到的 CT，就是计算机辅助 X 射线断层成像仪，简称 CT。医生可以观察到人体内部微小的病变和病灶分布，能够及早采取正确的治疗措施。CT 成像技术的数学基础是 Rodon 变换，我们用的 X 射线照片都是平面的，但是你希望看到立体的图像，所以在照片上我们看到 X 射线穿过待测物体，探测器接收到衰减了的射线，这个过程叫扫描，即得到了密度函数在直线上的积分值。仅知道 $f(x)$在一条直线上的积分值，无法确定这条直线上每一点处 $f(x)$的值。比如说人体密度分布是一个函数表示，照一次只知道平均值，如果从各个方向照，我就可以得到密度函数的变化。下面一个示意图，一个射线过去，你知道黄的部分是带色的

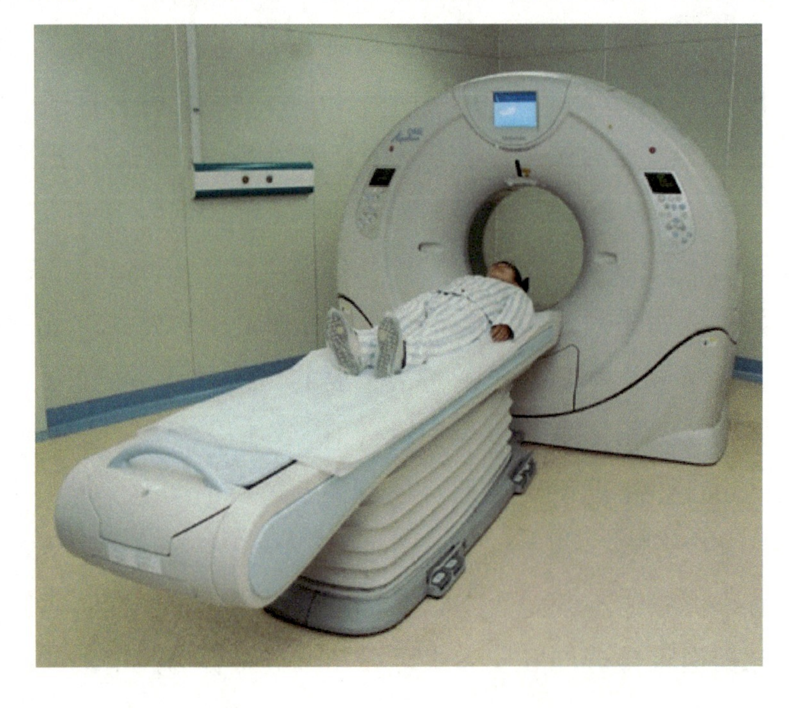

radon变换

# Radon Transform

公式

$$Rf(\theta,t)=\int_R f\left(t\theta+s\theta^{\perp}\right)ds$$

$$f(x)=\frac{1}{4\pi^2}\int_0^{2\pi}\int_R\frac{\partial_t Rf(\theta,t)}{x\cdot\theta-t}dtd\varphi$$

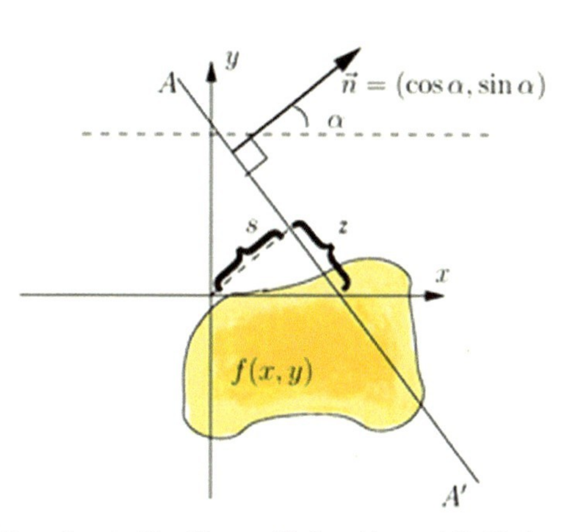


物体，$Rf$ 通过 X 射线照相测到的数据，怎么找到 $f$，你知道 $Rf$ 沿着每个方向过去，反过来就得到了。这是最后的实际应用，还是有应用的，只不过有些研究暂时还没用。

谢谢大家。

田　刚

理解未来讲座第 11 期

2015 年 11 月 1 日

# 后　记>>>

2015年1月20日，未来论坛创立。

此时的中国，已实现数十年经济高速发展，资本与产业的力量充分彰显，作为人类社会发展最重要驱动力的科学则退居一隅，为多数人所淡忘。

每个时代都有一些人，目光长远，为未来寻找答案。中国亟须“推崇科学精神，倡导科学方法，变革科学教育，推动产学研融合”，几十位科学家、教育家、企业家为这个共识走在一处。“先行其言而后从之”，在筹建未来论坛科学公益平台的过程中，这些做过大事的人先从一件小事做起，打开了科学认知的入口，这就是“理解未来”科普公益讲座。

最初的“理解未来”讲座，规模不过百余人，场地很多时候靠的是“免费支持”，主讲人更是“公益奉献”。即便如此，一位位享誉世界的科学家仍是欣然登上讲台，向热爱科学的人们无私分享着他们珍贵的科学洞见与发现。

我们感激“理解未来”讲台上每一位“布道者”的奉献，每月举办一期，至今已有四十二期，主题覆盖物理、数学、生命科学、人工智能等多个学科领域，场场带给听众们精彩纷呈的高水准科普讲座。三年来，线上线下累积了数千万粉丝，从懵懂的孩童到青少年学生，从科学工作者到科技爱好者，现在每期“理解未来”讲座，现场听众400多人，线上参与者均在40万人以上。2017年10月举行的2017

未来科学大奖颁奖典礼暨未来论坛年会，迎来了逾 2500 名观众，其中近半是“理解未来”的忠实粉丝，每每看到如此多的中国人对科学饱含热情，就看到了中国的未来和希望。如果说未来论坛的创立初心是千里的遥程，“理解未来”讲座便是坚实的跬步。

今天，未来论坛将“理解未来”三年共三十六期的讲座内容结集出版，即如积小流而成的“智识”江海。无论捧起这套丛书的读者是否听过“理解未来”讲座，我们都愿您获得新的启迪与认识，感受到科学的理性之光。

最后，我要感谢政府、各界媒体以及一路支持未来论坛科学公益事业的企业、机构和社会各界人士，感谢未来科学大奖科学委员会委员、未来科学大奖捐赠人，未来论坛理事、机构理事、青年理事、青创联盟成员，以及所有参与到未来论坛活动中的科学家、企业家和我们的忠实粉丝们。

未来论坛发起人兼秘书长

武　红

2018 年 7 月